AF509179

TRAITÉ GÉNÉRAL

DES

PROJECTIONS

PAR

Eugène TRUTAT

DOCTEUR ÈS SCIENCES

Ancien Directeur du Musée d'Histoire naturelle de Toulouse,
Membre non-résidant de la Commission des Travaux historiques et scientifiques,
Membre de la Commission des Projections du Ministère de l'Instruction publique,
Chevalier de la Légion d'honneur.

TOME SECOND

PROJECTIONS SCIENTIFIQUES

PARIS

CHARLES MENDEL, ÉDITEUR

118 ET 118BIS, RUE D'ASSAS

II

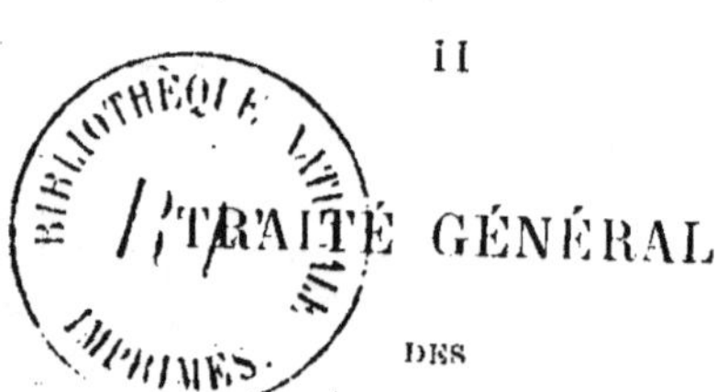

TRAITÉ GÉNÉRAL

DES

PROJECTIONS

TRAITÉ GÉNÉRAL

DES

PROJECTIONS

PAR

Eugène TRUTAT

DOCTEUR ÈS SCIENCES

Ancien Directeur du Musée d'Histoire naturelle de Toulouse,
Membre non-résidant de la Commission des Travaux historiques et scientifiques,
Membre de la Commission des Projections du Ministère de l'Instruction publique,
Chevalier de la Légion d'honneur.

TOME SECOND

PROJECTIONS SCIENTIFIQUES

PARIS

CHARLES MENDEL, ÉDITEUR

118 ET 118BIS, RUE D'ASSAS

Tous droits réservés.

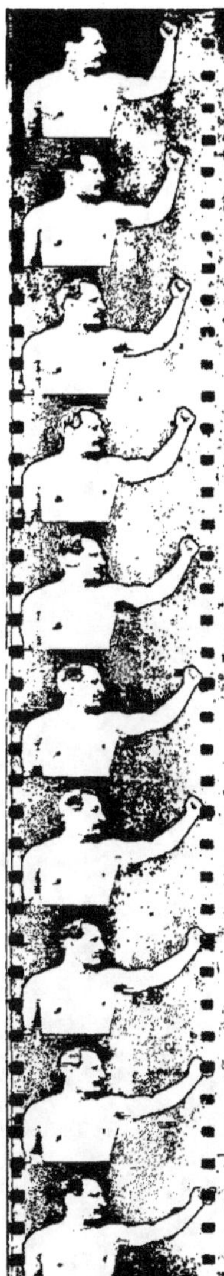

ÉTUDE AU CINÉMATOGRAPHE DES MOUVEMENTS DU BRAS (Pose de Charlemont).

AVANT-PROPOS

PROJECTIONS SCIENTIFIQUES

La lanterne à projections n'est pas seulement employée
pour donner des images agrandies d'épreuves photographiques transparentes; elle peut servir aussi à projeter directement des appareils de physique, de mécanique, ou bien encore
des réactions chimiques. Bien entendu, le complément obligé
dans ces différents cas est l'épreuve photographique qui permet
de faire passer rapidement sous les yeux de l'auditoire les résultats d'expériences semblables et qui souvent exigeraient un
temps trop considérable.

Les appareils ont dû être modifiés, car la lanterne ordinaire
ne laisserait pas une place suffisante pour disposer les appareils sur le trajet des rayons lumineux, c'est-à-dire entre le
condensateur et l'objectif; enfin, très souvent, il est indispensable d'opérer sur une surface horizontale, lorsqu'il s'agit,
par exemple, de manipuler sous l'eau (dans une cuvette), et là
encore la lanterne doit être modifiée.

La plupart des constructeurs ont combiné des modèles spéciaux à cet usage, et nous rappellerons tout d'abord ceux que
nous avons déjà décrits dans la première partie de cet ouvrage
et qui peuvent servir à la plupart des expériences.

Nous avons également à signaler les dispositions spéciales

combinées pour certaines recherches, mais nous décrirons ces instruments spéciaux au fur et à mesure que nous étudierons les applications de la méthode des projections à la physique, à la chimie, etc.

Nous avons largement usé des travaux de MM. Fourtier et Molteni, et le nom de ce dernier reviendra souvent dans les différents chapitres de ce volume.

M. Zeiss nous a, de son côté, fourni des renseignements précieux sur ses nouveaux appareils.

Enfin, M. Pellin, dont le nom est bien connu de tous les physiciens, nous est également venu en aide en nous donnant toutes les indications nécessaires sur les nombreux instruments de sa fabrication dont nous avons à nous occuper.

Malgré tous les soins apportés à ce traité, nous n'espérons pas avoir épuisé la question, et forcément certains appareils utilisables en projection nous auront échappé; mais, par analogie, il sera toujours facile de déterminer leur meilleur mode d'emploi.

La méthode des projections est devenue aujourd'hui d'un usage général, et il n'est pas de professeur qui ne fasse usage de la lanterne; aussi espérons-nous que nos recherches pourront être utiles à beaucoup.

PREMIÈRE PARTIE

APPAREILS

CHAPITRE PREMIER

LANTERNES A PROJECTIONS SCIENTIFIQUES

Dispositions générales.

Les appareils destinés aux projections scientifiques doivent
être combinés de façon à permettre de placer dans le trajet du
cône lumineux fourni par le condensateur des objets de volume
très variable. Ce n'est plus effectivement, comme dans les projections ordinaires, de simples épreuves photographiques
transparentes, toutes de même grandeur et de même épaisseur,
qui serviront à la démonstration de tel ou tel phénomène de
physique, de mécanique ou de chimie; chaque expérience aura
son dispositif spécial et celui-ci nécessitera le plus souvent une
modification de la lanterne.

Il faut donc que l'appareil à projection ait une certaine élasticité, que ses différents organes, au lieu d'être reliés à demeure, soient libres et que l'espace qui doit exister entre eux
soit dégagé de toutes pièces rigides, de façon à laisser la place
nécessaire aux appareils à interposer.

Enfin, condition essentielle, il faut pouvoir projeter sur un
tableau vertical des objets disposés au contraire dans une position horizontale, tels les phénomènes qui se passent sous
l'eau, etc., etc.

Pour obtenir ces différents résultats, il faut : que le devant

de l'appareil soit disposé de façon à laisser entièrement libre
l'espace qui existe entre le condensateur et l'objectif; de plus,
le porte objectif doit permettre de changer facilement celui-ci,
de façon à obtenir des amplifications variées. De là l'obligation de rendre mobile d'avant en arrière ce porte-objectif;
mais il est de toute importance que, quel que soit l'objectif mis
en place, celui-ci soit toujours centré, c'est-à-dire se trouve
dans l'axe du faisceau de lumière projetée par le condensateur.
Il suffit pour cela d'avoir recours au dispositif employé par les
physiciens dans le banc optique : celui-ci consiste essentiellement en une coulisse (rails, ou tringles rondes ou triangulaires) sur laquelle glisse le porte-objectif; des vis de serrage
convenablement disposées permettent de le fixer à la place
voulue.

Enfin, ce porte objectif vertical doit pouvoir être remplacé
par un dispositif qui projette à angle droit, en haut ou en bas,
le faisceau lumineux éclairant, lequel est repris, après avoir
traversé l'appareil (et le plus souvent une cuve transparente
remplie de liquide), par un second système optique qui ramène
le faisceau lumineux dans une direction horizontale.

Mais il est indispensable que toutes ces parties soient faciles
à déplacer, sans tâtonnements et sans fausser le centrage de
tout l'appareil. L'on comprend aisément l'importance de cette
condition lorsqu'on se rappelle que le préparateur chargé de la
conduite de l'appareil opère dans l'obscurité, et que cependant
il doit agir rapidement pour ne pas entraver la démonstration
du professeur.

La plupart des grands constructeurs ont combiné des appareils de ce genre et qui répondent entièrement aux conditions
générales que nous venons d'examiner.

Mais ces modifications générales ne sont pas toujours suffisantes et certaines expériences demandent des dispositions toutes spéciales; nous les décrirons lorsque nous aurons à parler
de ces cas particuliers.

Appareils français.

MODÉLE DE M. MOLTENI.

RADIGUET et MASSIOT, successeurs (*fig. 1*).

Ici, les différentes conditions que nous avons énumérées sont complètement remplies. Un corps de lanterne en tôle renferme la source lumineuse qui peut être, soit une lampe à

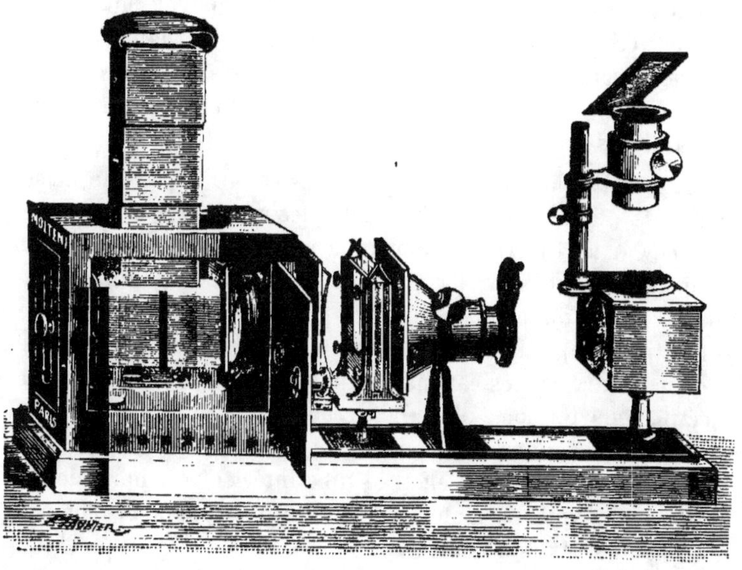

Fig. 1.

pétrole, soit un bec à acétylène; mais ces deux foyers lumineux manquent souvent d'intensité, et il est préférable d'employer la lumière oxydrique ou mieux encore l'électricité. A la partie antérieure est fixé à demeure le condensateur. Deux portes latérales permettent de surveiller facilement l'appareil éclairant, et il est très important d'avoir une porte de chaque côté, afin de pouvoir ouvrir la lanterne soit à droite, soit à gauche, de façon à ne pas être obligé de faire le tour de l'appareil si l'on se trouve du côté opposé à la porte unique de la plupart des lanternes à projection.

Ainsi disposée, la lanterne est fixée à demeure à l'extrémité d'une tablette suffisamment épaisse et lourde sur laquelle pourront être disposées solidement les autres parties de l'appareil. Celle-ci est garnie de deux rails métalliques, entre lesquels glisseront les divers accessoires et qui suivront ceux-ci dans leurs mouvements suivant l'axe de la lanterne.

En avant du condensateur se trouve fixée une planchette verticale à rebord, sur laquelle vient appuyer un ressort arqué : ce dispositif remplace les glissières de la lanterne ordinaire et sert également bien à soutenir les châssis ordinaires passe-vues, ou bien les cuves verticales, ou encore les appareils divers de peu d'épaisseur.

Une petite tablette, dont le poids est alourdi par une masse de fonte ou de plomb, glisse entre les rails ; elle est destinée à recevoir les divers instruments à projeter. Grâce à son mouvement d'avant en arrière, l'on arrive facilement à mettre au point voulu du cône lumineux. En avant se place le porte-objectif, comprenant un cône métallique largement évasé et destiné à arrêter les rayons lumineux non recueillis par l'objectif, plus un porte-objectif à crémaillère indépendante, qui permet de changer rapidement d'objectif suivant le grossissement nécessaire. A cet effet, le tube intérieur est muni de ressorts doux qui permettent d'introduire facilement l'objectif lui-même sans le décentrer.

Tout à l'avant de la planchette figure un accessoire qui, très souvent, est appelé à remplacer le porte-objectif : c'est l'appareil à réflexion totale (*fig.* 2 et 3). Dans celui-ci, le faisceau lumineux issu de la lanterne rencontre un miroir incliné à 45°, MM', sur lequel il se réfléchit verticalement à angle droit ; il est recueilli par un condensateur, CC', sur lequel se placent les objets à projeter. Un objectif vertical O recueille le faisceau qui, à sa sortie, se réfléchit de nouveau sur un second miroir, *mm′*, placé symétriquement par rapport au premier, et le rayon est alors dirigé horizontalement sur l'écran. Cette suite de réflexions a fait donner à ce dispositif le nom d'appareil ou de support à réflexion totale. Dans la figure 2 est représenté le support construit par M. Molteni pour sa lanterne à colonnes (*fig. 4*), que l'on éclaire soit par la lumière oxydrique, soit par l'électricité.

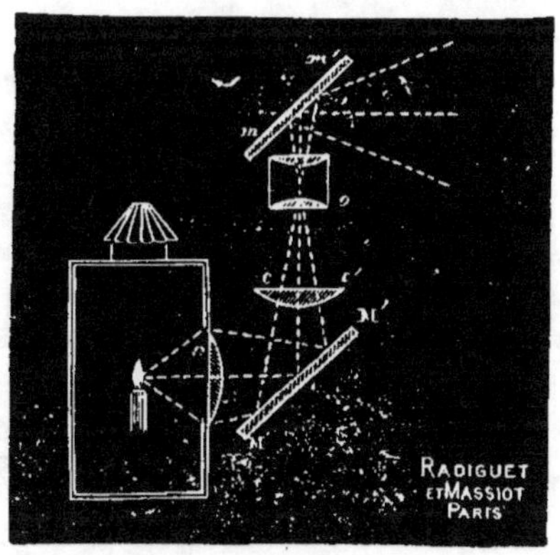

Fig. 2.

Dans ce cas, il est nécessaire, après avoir enlevé le cône porte-objectif L, de dévisser la lentille antérieure du condensateur I et de la placer au-dessus du miroir incliné

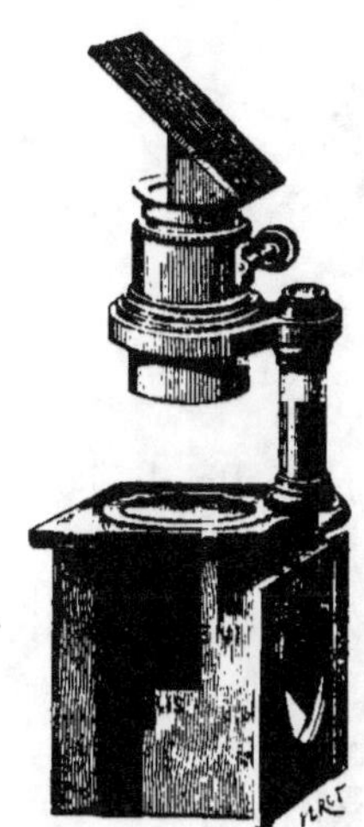

Fig. 3.

contenu dans la boîte du support à réflexion; de cette façon, le miroir incliné se trouve placé entre les deux lentilles du condensateur. On remet en place dans la lanterne le condensateur, qui n'a plus qu'une lentille, on pousse l'appareil jusqu'au contact de la glissière et on visse l'objectif sur l'anneau supérieur, et enfin on coiffe la bonnette avec la glace inclinée. On règle la place de l'objectif en mettant sur le condensateur une vue à projection et en faisant glisser la monture de l'objectif sur la colonne verticale, on serre la vis de pression lorsque le point est à peu près trouvé, et on le termine exactement avec la crémaillère.

Toutes ces réflexions amènent fatalement une certaine perte de lumière; aussi ne faut-il jamais chercher à obtenir avec

cet appareil des grossissements un peu forts. On peut remédier
en partie à cette perte de lumière en remplaçant la glace supérieure par un prisme à réflexion totale. Celui-ci est monté dans

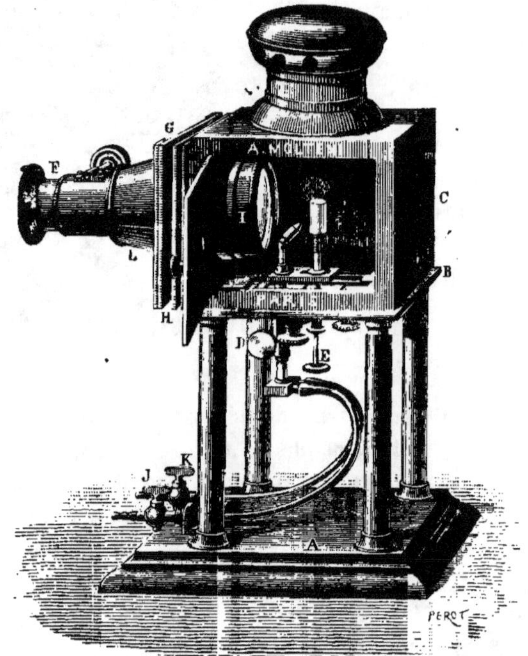

Fig. 4.

un tube qui lui-même peut se fixer sur la bonnette de l'objectif.

Lanterne universelle. — Ce nouvel appareil de MM. Radiguet et Massiot a le grand avantage de permettre tous les
genres de projection, et, grâce au banc optique dont il est
muni, il est aisé de disposer tous les accessoires usités dans
les projections scientifiques.

L'appareil se compose (*fig. 5*) d'une lanterne montée sur
colonne reposant sur un socle en acajou massif, qui assure

une rigidité complète sans exagérer le poids. La source lumineuse est constituée par un régulateur automatique à arc, soit
à courant continu, soit à courants alternatifs. L'intensité du
courant à employer varie entre 8 et 15 ampères, que l'on peut
régler au moyen d'un rhéostat. Le centrage du point lumineux se fait avec une grande précision au moyen de vis de
rappel et de crémaillères commandées par des boutons mol-

Fig. 5.

letés. L'avant de la lanterne porte un condensateur double de
110^{mm} de diamètre.

Dans l'axe du condensateur et sur le socle en acajou est
fixé le banc optique. Celui-ci est constitué par des tubes épais
en acier calibré que maintiennent de fortes équerres en cuivre;
sur ces tubes glissent les socles des divers accessoires, et
ceux-ci sont maintenus à la place voulue par un serrage rapide.

Au-dessus de ce banc optique se trouve un cadre recouvert à sa partie supérieure d'un rideau à lames de bois, et les

côtés sont munis de rideaux en étoffe. De cette façon l'on peut éliminer toute lumière latérale.

L'on peut, à volonté, munir l'appareil d'un système optique additionnel permettant d'obtenir un faisceau de rayons parallèles; à l'avant de celui-ci, une tubulure permet d'adopter les différents diaphragmes utilisés dans les expériences d'optique ou bien encore un prisme d'Amici et une lentille achroma-

Fig. 6.

tique pour la décomposition de la lumière et la projection du spectre.

La figure 5 représente l'appareil disposé pour la projection ordinaire. A cet effet, la partie antérieure de la lanterne porte une bague dans laquelle viennent se placer les différents objectifs employés dans ce cas. MM. Radiguet et Massiot ont dans ce but combiné une trousse qui donne tous les foyers nécessaires et permet de projeter une image de bonne grandeur à toutes les distances.

La figure 6 montre l'appareil disposé pour la projection d'expériences de physique ou de chimie. Il reçoit une cuve à faces parallèles démontables, fixée sur un pied très bien combiné et très pratique.

Le pied destiné à porter les cuves verticales ou les appareils similaires est construit d'une manière toute spéciale. Il se compose d'une pièce de fonte massive dressée et tournée; la base est taillée d'une part en V, ce qui assure une direction constante, et, d'autre part, est dressée à la face supérieure,

Fig. 7.

ce qui permet d'obtenir la position verticale de la colonne. Ce pied porte en son milieu une colonne avec collier et bouton de serrage.

Pour fixer le tout sur le banc optique, il suffit d'agir sur une manette qui commande une pièce légèrement conique qui forme serrage sur les tubes.

Le remplacement de ce pied ou son changement de position s'opère très rapidement. La pièce conique qui forme serrage est maintenue par un écrou et contre-écrou qui permet de régler le serrage sur les tubes, ce qui pourrait devenir nécessaire si la pièce venait à s'user.

Un second pied, du même genre, porte un tube à crémaillère dans lequel se placent les objectifs; à l'avant de ceux-ci l'on peut également fixer un prisme redresseur. Ce prisme est indispensable pour la projection des objets qui ne peuvent être renversés devant l'objectif et qu'il faut obtenir en position normale sur l'écran.

La figure 7 représente l'appareil disposé pour des expériences du même genre, dans lesquelles il est indispensable d'éliminer toute action calorifique du foyer lumineux : projection des animaux vivants, ou encore phénomènes de sursaturation, de dissolutions, qui cristalliseraient sous l'influence d'une température trop élevée.

Une autre cuve, celle-ci cylindrique, composée d'un tube de cuivre portant à chaque extrémité des glaces à faces parallèles, est placée dans une tubulure fendue pouvant être placée à l'avant de l'appareil; en avant, l'on peut encore placer une lentille concentratrice. L'une des deux cuves est munie de deux tubulures qui permettent d'établir un courant d'eau.

La figure 8 montre l'appareil disposé pour la projection des objets placés horizontalement. Le support à réflexion totale, monté sur un pied spécial, porte à sa partie antérieure une monture à crémaillère qui peut recevoir les différents objectifs, et en avant est placée une glace inclinée à 40°.

Dans ce cas, il faut enlever la lentille d'avant du condensateur et placer celle-ci dans la monture fixée à la boîte du support à réflexion. Le cadre supérieur a été débarrassé du nombre des volets nécessaires pour laisser passer la partie supérieure du support à réflexion totale. L'on peut encore remplacer le miroir par un prisme à réflexion totale qui enlève un peu moins de lumière.

La figure 9 représente l'appareil disposé pour la projection des préparations microscopiques avec cuve à refroidissement; il y a lieu souvent dans cette sorte de projection de remplacer la lentille placée dans le tube de support par d'autres jeux de foyers appropriés à l'objectif employé.

L'on se sert généralement pour les forts grossissements de lentilles périscopiques concaves, qui rassemblent les rayons lumineux en les rendant parallèles et permettent de les diriger sans déperdition sur le système grossissant. Le microscope est de construction spéciale, et nous le décrivons plus loin. Une règle trapézoïdale, sur laquelle glisse tout le sys·

Fig. 8.

tème, est fixée au pied par une forte pièce de fonte. Du côté du condensateur, une noix glissant à frottement gras porte une monture de focus, ce qui permet d'en opérer facilement le changement et de le mettre au point voulu. Du côté de l'écran, la règle porte une noix mue par crémaillère pour la mise au point rapide; le mouvement lent est donné par une vis de rappel. Enfin, à l'avant, l'on peut adapter un oculaire à projection.

La platine est munie de charriots qui permettent de déplacer en tous sens la préparation à projeter. Un jeu de diaphragmes permet de limiter la projection et de supprimer la lumière diffuse. Cette platine peut être remplacée par un plateau simplifié composé d'un disque percé d'une ouverture de grand diamètre et muni de pattes à ressorts. Ce plateau sert à projeter les préparations de grandes dimensions;

Cette figure montre également l'ensemble de l'appareil et ses différents accessoires; ceux-ci comprennent :

Fig. 9.

1. Tête à crémaillère et objectif de projection.
2. Dispositif pour la lumière parallèle.
3. Prisme redresseur.
4. Cuve à fond transparent.
5. Cuve à parois démontables.
6. Cuve cylindrique démontable.
7. Support à réflexion totale.
8. Cône à crémaillère pour les objectifs à long foyer.
9. Appareil à électrolyse.
10. Microscope de projection

APPAREILS DE MM. CLÉMENT ET GILMER.

La lanterne appelée *la Scientifique*, de MM. Clément et Gil-mer (*fig. 10*), se compose d'un corps principal en bois doublé de métal, monté sur socle, qui lui-même contient une plan-

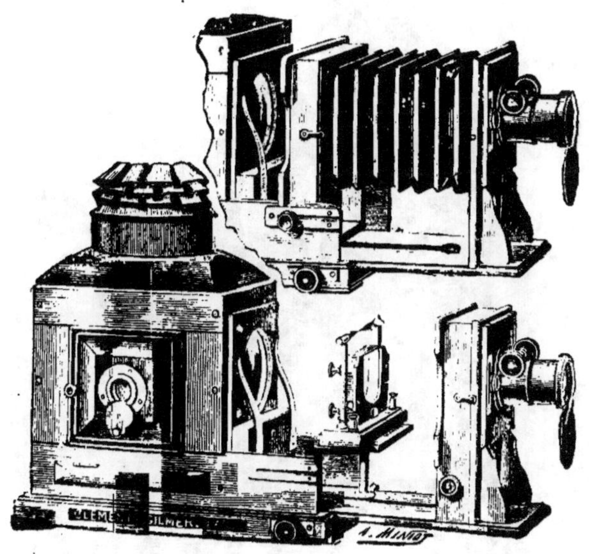

Fig. 10.

chette à crémaillère sur l'avant de laquelle est fixée une sorte de chambre noire à soufflet. Le cadre d'arrière de ce soufflet peut se détacher complètement du support vertical auquel il est relié, et il vient alors s'appliquer exactement contre le cadre porte-objectif, de telle sorte que l'on peut placer entre le con-densateur et l'objectif un support coulissant destiné à recevoir les divers appareils servant aux démonstrations scientifiques, tel que la cuve à électrodes qui est représentée sur la figure 4.

L'appareil scolaire des mêmes constructeurs (*fig. 11*) est

également disposée dans ce même but. En avant du condensateur, une tablette mobile de bas en haut, grâce à deux tringles verticales avec vis de pression, reçoit les différents appareils.

Fig. 11.

En avant, un objectif avec cône glisse sur un support horizontal et peut facilement se mettre au point.

La partie antérieure de l'appareil peut s'enlever et être remplacée par un support à réflexion totale (*fig. 12*). Celui-ci se compose d'une boîte triangulaire en métal contenant un miroir incliné à 45°, à la partie supérieure de cette même boite est placée une lentille convergente destinée à condenser

les rayons émis par la source lumineuse sur l'objet à projeter. Celui-ci est placé immédiatement au-dessus de cette
lentille, sous les plaques à ressorts qui sont fixées sur le cadre
porte-objet. L'objectif, fixé sur une tige à crémaillère reliée à
la boîte à miroir, projette l'image de cet objet dans le miroir
supérieur qui la renvoie à son tour sur l'écran.

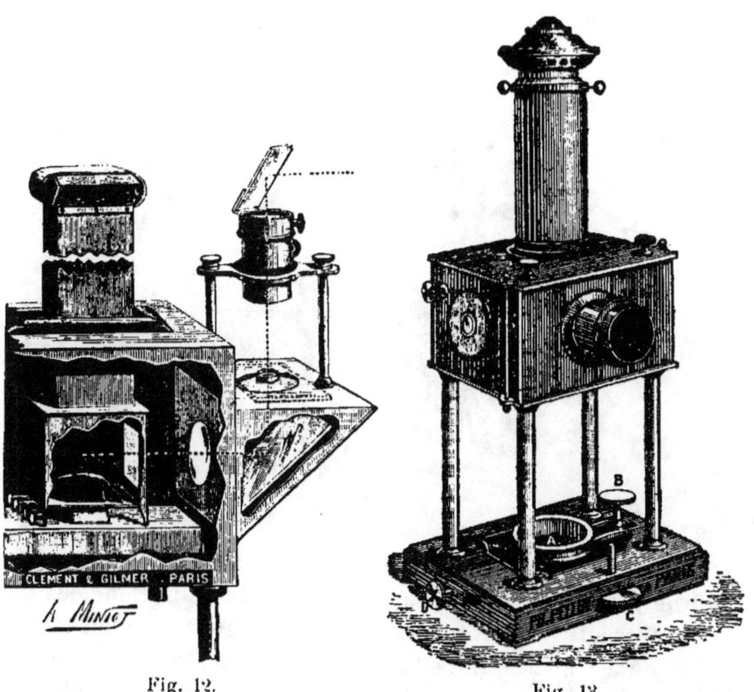

Fig. 12.   Fig. 13.

APPAREILS DE M. PELLIN.

La lanterne de M. Pellin (*fig. 13*) est tout particulièrement
employée pour les expériences de physique, aussi est-elle construite avec une très grande précision.

Celle que représente notre figure 8 est montée sur quatre
colonnes de façon à recevoir les appareils d'éclairage, chalumeau ou régulateur électrique, seules sources d'éclairage à

employer dans ce cas. Dans l'intérieur de la lanterne se trouve un miroir argenté qui fait converger tous les rayons lumineux (lumière oxydrique) sur le condensateur fixé à l'avant. L'on peut également placer un second condensateur sur le côté de la lanterne, condition nécessaire dans certaines expériences, telles que celle que représente la figure 14.

Le socle de la lanterne porte deux boutons, D et C, l'un pour centrer le point lumineux dans un plan vertical, l'autre pour

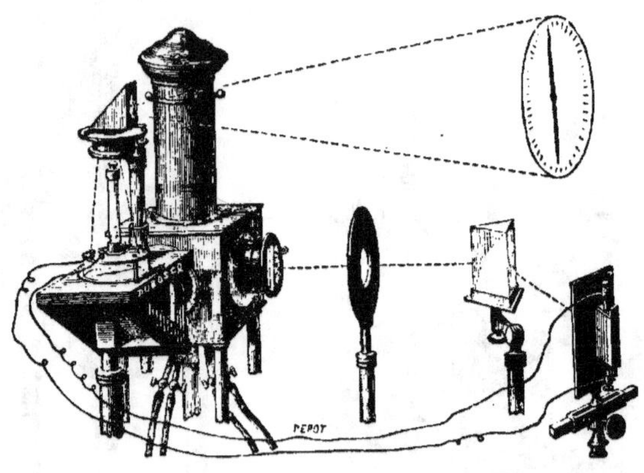

Fig. 14.

hausser ou incliner la lanterne. Grâce à cette disposition, on peut régler très facilement la hauteur du point lumineux sans toucher aux charbons, en agissant alors sur le bouton B.

La face antérieure de la lanterne est mobile et peut recevoir toute une série d'appareils; nous aurons à décrire plus loin plusieurs de ces dispositions; enfin, un condensateur de 0^m200 de diamètre peut se mettre au lieu et place du condensateur ordinaire de 0^m80 et servir pour la projection des électroscopes ou de grandes silhouettes d'appareil.

M. Pellin construit également une lanterne du même genre, mais dans laquelle l'éclairage électrique est seul employé (*fig. 15*). Dans celle-ci, le régulateur à main est fortement incliné, ce qui permet d'obtenir un cratère dont toute la lumière est utilisée. Le rapprochement des charbons se fait à la main ; l'un des boutons horizontaux fait avancer simultanément les deux charbons dans le rapport de 1 à 2, l'autre n'agit que sur celui du bas qui est le négatif et permet de centrer le point lumineux. Un troisième bouton placé au-dessus de l'appareil électrique permet de faire varier, en marche, la position respective des deux charbons et de démasquer le cratère du charbon positif qui est en haut, de manière à obtenir le maximum de lumière.

L'objectif ordinaire qui sert à obtenir l'agrandissement de l'épreuve photographique ou de l'appareil qu'il s'agit de projeter peut être remplacé, dans certaines circonstances, par l'appareil de M. Crova, qui permet d'obtenir des grossissements variables.

Il est souvent difficile de projeter sur un écran l'image d'un objet avec un grossissement déterminé ; le plus souvent, l'écran est fixe, ainsi que l'objet à projeter, et il est nécessaire de faire usage d'appareils de grossissements différents selon les exigences des projections.

Fig. 15.

Il est facile d'obtenir un grossissement variable à volonté, à une distance quelconque, en disposant entre l'objet et l'écran fixes l'appareil dû à M. Crova et formé de deux lentilles, l'une convergente, l'autre divergente, de même distance focale, que l'on peut éloigner à volonté l'une de l'autre ; ce système est équivalent à une seule lentille de grossissement variable que l'on peut déplacer le long de la ligne qui joint les deux points fixes considérés, de manière à obtenir une projection de grandeur déterminée[1].

L'appareil se compose (*fig. 16*) d'une lentille plan-convexe de 0ᵐ15 de longueur focale principale, fixée sur une lunette, à l'extrémité d'un banc horizontal en laiton, le long duquel peut se mouvoir au moyen d'une crémaillère une lentille plan-concave de même foyer; une graduation gravée sur le banc donne la distance des centres optiques des deux lentilles, dont les courbures sont en regard l'une de l'autre, de manière que la lentille divergente soit au zéro lorsque les deux lentilles sont au contact et leurs centres optiques en coïncidence. Le système de ces deux lentilles constitue ainsi un milieu à faces parallèles dont la distance focale est infinie.

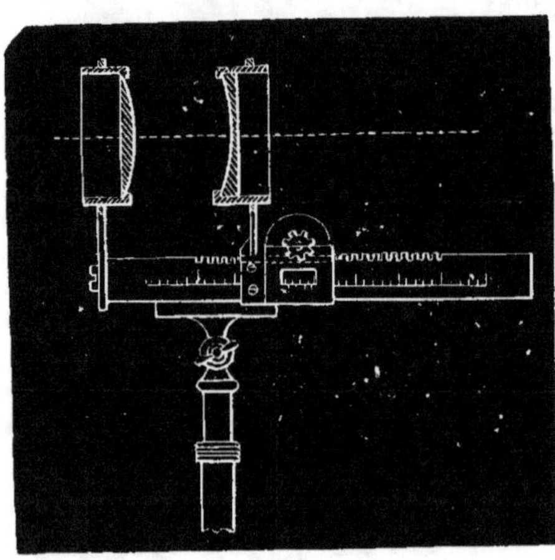

Fig. 16.

Si l'on écarte graduellement les deux lentilles l'une de l'autre, jusqu'à rendre leur distance égale à la distance focale principale de la lentille convergente, la distance focale du système diminue depuis l'infini jusqu'au minimum égal à la distance focale principale de la lentille convergente ; la distance croissant au delà de cette limite, le foyer devient virtuel.

On peut ainsi placer l'appareil de projection en un grand nombre de points différents de la ligne qui joint l'objet à l'écran, et, en écartant convenablement les deux lentilles, obtenir une projection de grossissement variable entre des limites très écartées.

1. *Journal de physique*, 1881, t. X, p. 158.

Pour projeter l'image d'un objet, on dirige sur lui l'axe du faisceau de la lanterne de projection, rendu parallèle, convergent ou divergent, selon la grandeur de l'objet, de manière à comprendre dans sa section l'objet à projeter et à couvrir la lentille convergente; un déplacement convenable de la lentille divergente donne une projection nette sur l'écran placé à une distance quelconque. Cette disposition permet de varier le grossissement sans avoir à démonter l'objectif de l'appareil, ce qui est quelquefois très utile dans une démonstration.

M. Duboscq a combiné le premier appareil pour la projection des corps opaques (l'on sait que M. Pellin est le successeur de M. Duboscq), et voici la description de cet appareil donné par M. Duboscq lui-même [1].

Cet appareil (*fig. 17*) sert à projeter tous les corps solides ou liquides qui ne peuvent affecter que la position horizontale et dont on veut montrer les formes extérieures.

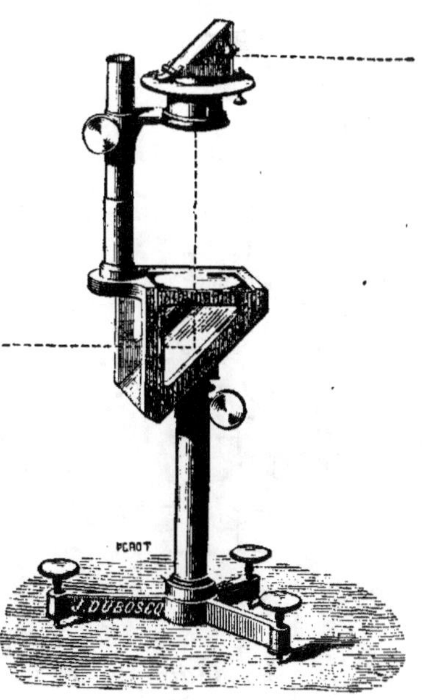

Fig. 17.

A cet effet, les rayons parallèles ou divergents de la source lumineuse tombent sur un miroir M placé à 45° (*fig. 17* et *18*) sur lequel ils se réfléchissent, traversent une lentille L ou condensateur qui les concentre sur un prisme à réflexion totale P qui les renvoie sur un écran. Un objectif achromatique L′ projette, agrandie, l'image de l'objet placé sur le condensateur.

1. *Journal de physique*, 1876, p. 216.

Comme exemples d'expériences que l'on peut montrer en projection à l'aide de cet appareil, nous citerons entre autres :

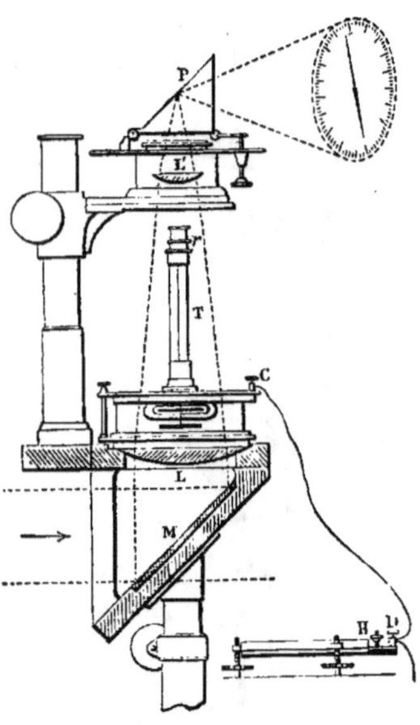

Fig. 18.

Phénomènes magnétiques. — Pôles et lignes neutres d'un aimant, fantômes magnétiques, points conséquents, différence d'action des deux pôles, attraction ou répulsion; magnétisme terrestre, déclinaison de l'aiguille aimantée, théorie de la boussole.

Phénomènes d'électricité. — Influence d'un courant sur une aiguille aimantée, expérience d'Œrsted, théorie du galvanomètre, action des courants sur les courants, expériences d'Ampère.

Phénomènes électro-magnéti-

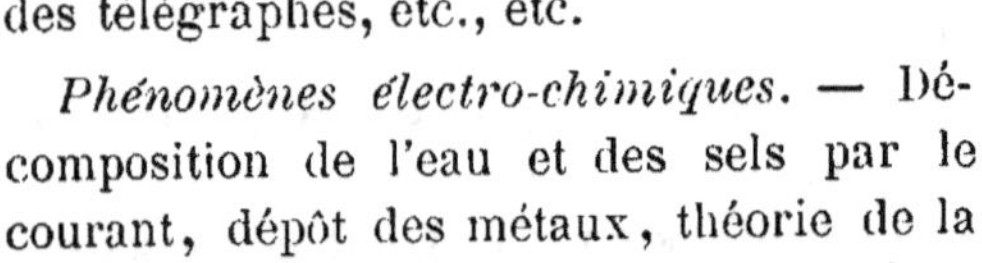
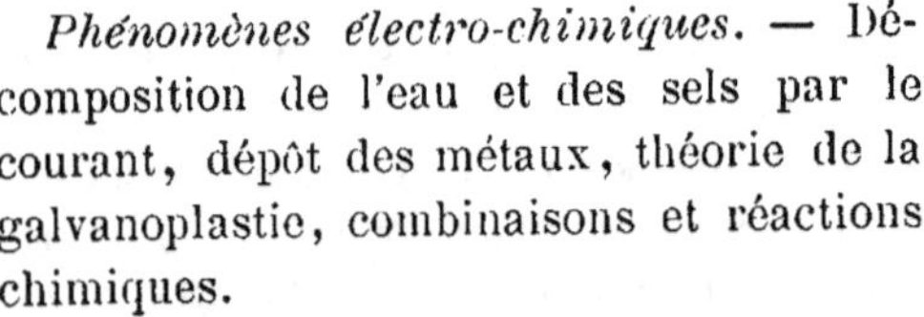

Fig. 19.

ques. — Aimantation du fer doux, théorie des télégraphes, etc., etc.

Phénomènes électro-chimiques. — Décomposition de l'eau et des sels par le courant, dépôt des métaux, théorie de la galvanoplastie, combinaisons et réactions chimiques.

Phénomènes optiques. — Démonstration des impressions sur la rétine, mélange des couleurs, effets de contraste, couleurs accidentelles, etc., expériences décrites par Helmoltz et Plateau, recomposition de la lumière, disque de Newton.

Les divers appareils nécessaires à la réalisation des expériences se placent tous sur l'appareil à projection, ainsi qu'on le voit; ils se composent (*fig. 19* et *20*) :

1° Lames de verre avec barreau aimanté, électro-aimant;

2° Cuve simple en verre pour recevoir les liquides, ou cuve semblable avec électrodes en platine;

3° Cadran divisé sur verre, muni d'une aiguille aimantée sur pivot;

4° Cuve à couronne avec système rotatif, expérience d'Ampère;

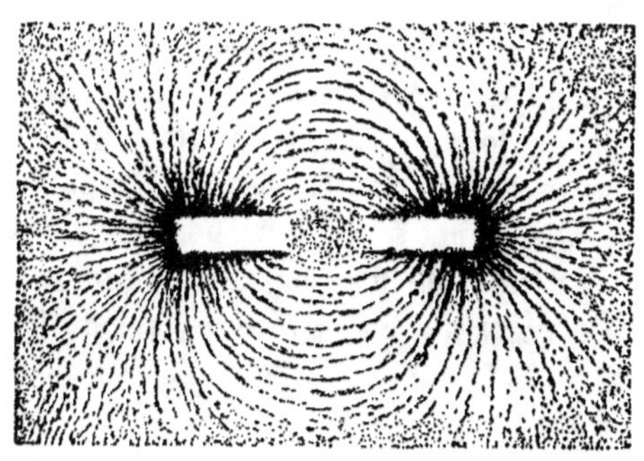

Fig. 20.

5° Toupie en verre avec série de disques en mica pour les phénomènes optiques.

PRISME REDRESSEUR DE M. BERTIN[1].

Les appareils de projection donnent toujours des images renversées. Le plus souvent cela n'a pas d'inconvénients, parce qu'on peut renverser l'objet; mais il est des cas où l'objet doit rester droit, et alors on n'a plus d'autre ressource que de redresser l'image. Pour obtenir ce résultat, M. Duboscq a eu l'idée de recevoir les rayons qui iraient former l'image renversée sur un prisme à réflexion totale, où ils se réfléchissent en donnant une image symétrique de la première et, par conséquent, redressée par rapport à l'objet.

Considérons une lentille tournée vers le soleil. Elle recevra de cet astre un faisceau cylindrique de la lumière, qu'elle transformera en un faisceau conique convergent à son foyer.

1. Bertin, *Sur l'appareil redresseur de M. Bertin* (in *Journal de physique*, t. VIII, p. 336.)

Ce foyer ne sera pas un point, mais un petit cercle qui, vu du centre optique de la lentille, sous-tendra un angle d'environ 0°5, comme le soleil, ce qui lui assigne un diamètre d'environ $\frac{1}{100}$ de la longueur focale $\left(\text{exactement } d = \frac{b}{103}\right)$. La lumière sortant de la lentille formera donc un tronc de cône dont la grande base sera la lentille et la petite base l'image du soleil; à partir de cette image, le faisceau deviendra divergent et ira éclairer le tableau. C'est dans ces faisceaux coniques opposés par le sommet qu'il faut chercher les faisceaux lumineux qui nous donneront les images des objets.

Un objet placé en avant de la lentille et supposé transparent

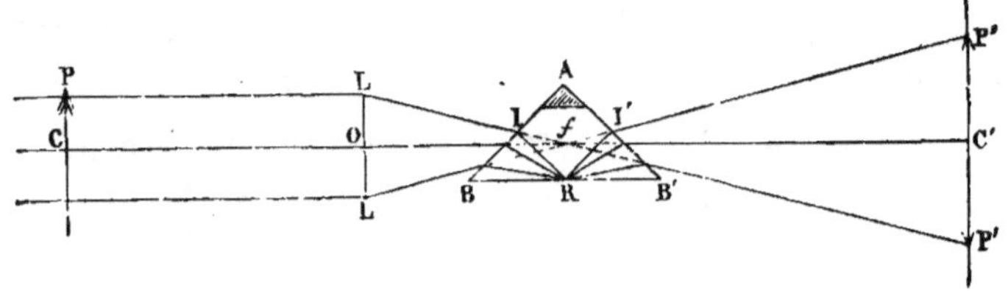

Fig. 16.

sera éclairé par le soleil, de telle sorte que dans chacun de ses points sera le sommet d'un cône de 0°5. Ce faisceau découpera sur la lentille un cercle de diamètre plus grand que le diamètre d de l'image focale du soleil, si nous supposons que l'objet est à une distance de la lentille plus grande que sa longueur focale.

Ce faisceau divergent est transformé par la lentille en un faisceau convergent qui a pour directrice l'image solaire et pour sommet l'image du point P.

Voilà ce qui arriverait si on laissait les rayons se propager librement derrière la lentille; mais il n'en sera plus de même si on les reçoit un peu avant le foyer principal sur la petite face d'un prisme rectangulaire isocèle B A B' (*fig. 16*), dont la face hypothénuse soit parallèle à l'axe optique de la lentille. Le faisceau conique, coupé par cette face, se réfractera en pénétrant dans le prisme, rencontrera la face hypothénuse en R sous un angle plus grand que l'angle limite, s'y réfléchira totalement et, renvoyé vers la seconde face du prisme, s'y réfractera sous le même angle qu'à l'entrée. Il sortira donc retourné d'un demi-tour autour du rayon central O C', qui seul n'aura pas changé de direction. Le faisceau émané du point P, qui d'abord allait converger au point P', suivra la direction L I R I' P'' et ira converger au point P'', symétrique du point P par rapport à la surface réfléchissante.

Nous avons supposé la face hypothénuse du prisme horizontale, et nous avons eu dans ce cas un redressement vertical. Si l'on tourne le prisme autour de l'axe de la lentille, l'image se déplacera en tournant deux fois plus vite que le prisme. L'image de la flèche C P, par exemple, sera verticale et droite si l'hypothénuse du prisme est horizontale; elle sera verticale et renversée, mais reportée de droite à gauche, si le prisme a sa face hypothénuse verticale; enfin, elle sera horizontale si la surface réfléchissante est inclinée à 45°. Il y aura dans ce cas deux positions pour l'image : si l'objet porte une échelle verticale de divisions graduées, l'échelle sera toujours horizontale, mais ses chiffres pourront être droits ou renversés.

Si l'on voulait redresser l'image dans un plan vertical seulement, rien ne serait plus facile : il suffirait de recevoir les rayons sortis de la lentille, un peu avant leur rencontre au foyer, sur un de ces prismes à réflexion totale que l'on a dans tous les cabinets de physique; on n'aurait pas alors besoin d'un appareil particulier. Mais si l'on veut produire d'autres retournements, il sera plus avantageux de monter le prisme dans un tube qui fera partie de l'appareil à projection et que l'on pourra faire tourner autour du rayon. C'est précisément ce que M. Duboscq a réalisé dans son redresseur que représente la figure 3.

L'objet à projeter est ici une boussole avec échelle divisée sur verre. Pour améliorer les images, la projection se fait à l'aide de deux lentilles achromatiques : la première, la plus voisine de l'objet, a 0^{m}36 de longueur focale; la seconde en

a 0^m26. Elles sont vissées à l'extrémité d'un tube, et leur dis
tance invariable est de 0^m06 à l'extérieur, de 0^m04 en dedans ;
le système a alors 0^m15 de foyer, comptés à partir de la dernière surface. Le tube porte-lentilles peut s'enfoncer plus ou
moins dans un second tube, et celui-ci est mobile à l'aide d'un
bouton à crémaillère. La distance de la première lentille à
l'objet est donc variable, mais elle est toujours plus petite que
la longueur focale, de sorte que l'objet donnerait dans cette
lentille une image virtuelle ; celle-ci donne, dans la seconde
lentille, une image réelle que l'on reçoit sur un tableau blanc
à une distance de 2 ou 3 mètres. Derrière la seconde lentille,
à une distance variable, mais toujours petite, se trouve placé
le prisme réflecteur, qui pourrait être unique, mais qui en
réalité est double, c'est-à-dire formé de deux prismes rectangulaires dont les faces hypothénuses sont parallèles entre elles et
à l'axe optique du système.

Ce prisme double coupe le faisceau émergeant près de sa
base, et, quand on opère avec le soleil, on en voit sortir deux
faisceaux convergents, dont les foyers sont au delà du
biprisme et qui vont porter sur le tableau, l'un, l'image de la
partie supérieure de l'objet, et l'autre, l'image de la partie
inférieure ; de sorte que, en arrêtant l'un des faisceaux, on
fait disparaître une moitié de l'image. De plus, les deux moitiés de l'image sont séparées par une bande grise parallèle
aux faces hypothénuses des deux prismes qui arrêtent la
lumière.

Une pareille disposition est inadmissible ; aussi n'est-elle
pas normale. Elle a, en outre, l'inconvénient de restreindre le
champ, car une lentille ne peut projeter qu'un objet de même
grandeur qu'elle-même, et ici l'objet à projeter a 0^m08 de diamètre, tandis que les lentilles n'en ont que 0^m045. Il faut donc
agrandir le champ à l'aide d'une lentille de grande ouverture,
placée devant l'objet, qui servira en même temps de lentille
éclairante. Prenons pour cela une de nos lentilles ordinaires,
qui ont 0^m33 de foyer et 0^m09 d'ouverture. Placée à 0^m02 en
avant de l'objet, elle sera à peu près à 0^m165 de la première

lentille de projection, et alors voici ce que deviendra le faisceau lumineux lorsque l'appareil sera exposé au soleil. Il sortira de la lentille éclairante un cône de 0^m09 de diamètre, qui
éclairera l'objet sur un cercle de 0^m045, c'est-à-dire sur toute
sa surface. La première lentille augmentant la convergence de
ce cône, la seconde ne recevra plus qu'un cercle de 0^m023;
son diamètre pourrait donc être réduit de près de la moitié.
Enfin, cette lentille augmentera encore la convergence des
rayons, qui iront se rencontrer derrière elle, à une distance
de 0^m05 seulement, sur un cercle qui n'a pas 0^m002 de diamètre.

Ce raccourcissement du foyer a pour résultat de faire pénétrer seulement la pointe du cône lumineux dans le biprisme;
il arrive alors que ce faisceau tombe inégalement sur les deux
prismes, soit que leur hypothénuse commune soit en dehors
de l'axe, tout en lui étant parallèle, soit que l'axe optique du
système ne soit pas dirigé exactement vers le soleil. On a bien
encore deux images, mais l'une est beaucoup plus pâle que
l'autre; en général, elles se raccordent mal, et il faut, pour
les régler, faire légèrement basculer l'un des prismes à l'aide
d'un bouton de rappel placé sur le côté du tube porte-prismes.

Au soleil, les résultats sont bien meilleurs avec un seul
prisme réflecteur, soit qu'il soit porté sur un pied isolé, soit
qu'il soit monté sur un prisme qui se visse sur l'appareil à
projection. Dans ce cas, l'angle droit du prisme est abattu ou
à peu près au tiers de sa hauteur et l'axe optique du système
passe par le milieu des côtés restants.

C'est avec un seul prisme que M. Duboscq avait d'abord
construit l'appareil redresseur; mais, comme il le destinait
surtout à la lampe à projections, il a cru reconnaître qu'il
gagnait de la lumière en employant deux prismes. La théorie
est toujours la même, mais il est impossible de le préciser
aussi bien qu'avec le soleil, parce que les faisceaux lumineux
qui forment les images sont moins déliés et les foyers moins
précis.

Appareils anglais.

Les constructeurs anglais se sont beaucoup occupés des lanternes de projections pour les expériences scientifiques : leurs modèles sont nombreux, d'une construction très soignée, ce qui explique leurs prix élevés. Nous décrirons seulement quelques-uns d'entre eux, en choisissant les plus remarquables.

La lanterne la plus simple que construise M. **Newton** (*fig. 22*) est dis-

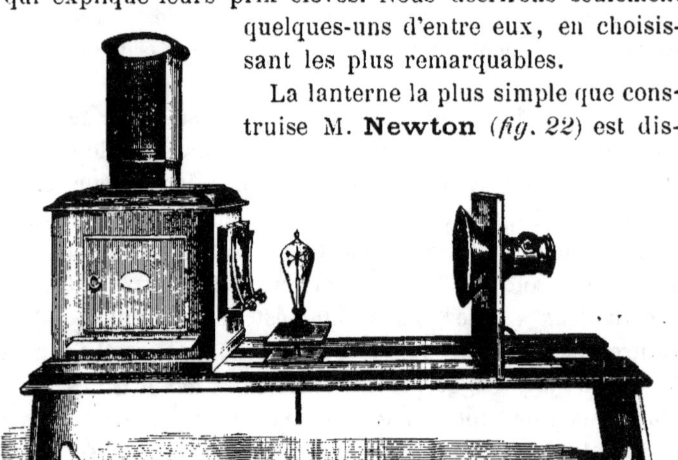

Fig. 22.

posée pour l'éclairage ordinaire au pétrole. Le corps de la lanterne est fixé à l'extrémité d'un banc, qui porte une coulisse dans laquelle glisse le porte-objet et le porte-objectif; celui-ci est muni à l'arrière d'un cône qui réunit les rayons extrêmes du condensateur et les arrête, condition indispensable pour obtenir des images convenablement éclairées. Malgré sa simplicité, cette lanterne peut servir à la plupart des projections qui ne demandent pas une amplification considérable.

La lanterne *bi-uniale* (*fig. 23*) est double, et l'une d'elles (la lanterne supérieure) est mobile et peut se renverser de façon à projeter des objets placés horizontalement. A cet effet, l'objectif supérieur porte un miroir réflecteur qui renvoie

l'image sur la toile verticale. Cette disposition a l'avantage de
ne nécessiter qu'une seule réflexion, et de là moins de perte
de lumière qu'avec les appareils horizontaux qui obligent toujours à deux réflexions. L'objectif est monté sur une planchette à tirage qui permet de mettre au point, et il reste une
place libre très suffisante entre le condensateur et l'objectif.

L'appareil *Scien-
tist's bi unial lan-
tern on lathe-bed base*
(*fig. 24*) est plus soi-
gné que le précédent
et combiné de la même
façon : la lanterne su-
périeure peut se ren-
verser à angle droit.
Ici, la lanterne, le
porte-objet, l'objectif
glissent sur un banc
optique en fonte, ce
qui assure une très
grande régularité à
tous les mouvements;
enfin, un distributeur
spécial permet d'éclai-

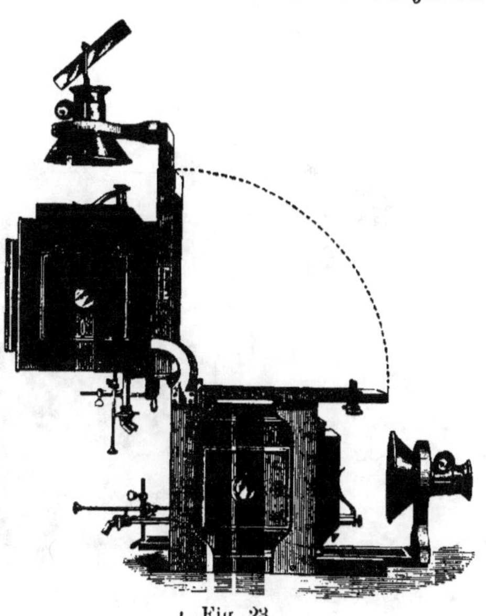

Fig. 23.

rer à volonté soit les deux lanternes, soit l'une d'elles seulement.

Dans la *Cylindrical electric lantern* (*fig. 25*), l'appareil
optique grossissant peut également se renverser et permettre
la projection des préparations horizontales; mais ici le constructeur a été obligé d'employer deux réflexions, l'une par un
miroir placé devant le condensateur, l'autre par un prisme
posé sur l'objectif. Malgré cela, la perte de lumière n'est pas
trop forte, et grâce à l'intensité lumineuse de l'arc voltaïque,
les images sont bien éclairées.

Cette lanterne a cet avantage tout particulier d'être très peu
volumineuse et de laisser toute place libre au-dessous de l'ap-

pareil projecteur, ce qui permet de disposer avec facilité sur la table les appareils à projeter.

Mais de tous les appareils de M. Newton, le plus complet, mais aussi le plus compliqué, est la *Triple rotating electric lantern (fig. 26).*

Un cylindre en tôle tourne,

Fig. 24.

à frottement doux, sur un anneau support porté sur trois colonnes ; au-dessous, l'appareil d'éclairage (avec électricité) se manœuvre au moyen de trois boutons molletés. Sur le cylindre sont placés trois systèmes projecteurs qui peuvent successivement venir par rotation en face de l'écran. Ceux-ci peuvent porter la combinaison ordinaire pour la projection des vues sur verre, et l'un d'eux peut recevoir des préparations microscopiques. Cette combinaison permet de passer très rapidement d'une faible amplification (objectif ordinaire et photographie sur verre) à un agrandissement considérable (préparations et objectifs de microscope). Mais par une modification très simple (*fig. 27*), la lanterne triple peut servir à projeter les appareils de physique soit verticaux, soit horizon-

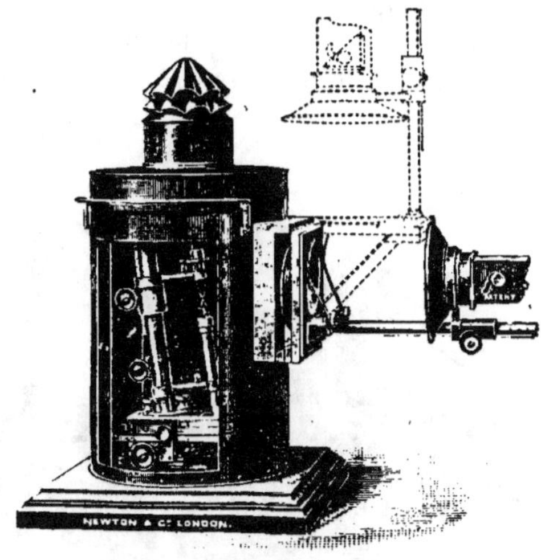

Fig. 25.

taux. Dans ce cas, un miroir incliné à 45° réfléchit en haut

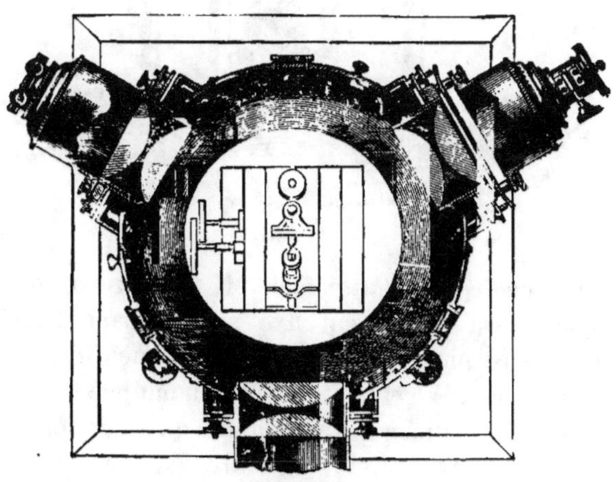

Fig. 26.

le faisceau éclairant donné par le condensateur, et l'objectif porte à sa partie supérieure un prisme qui renvoie horizon- . talement l'image amplifiée.

Cet appareil, admirablement construit, est malheureusement d'un prix assez élevé, 67 livres, mais il est parfait.

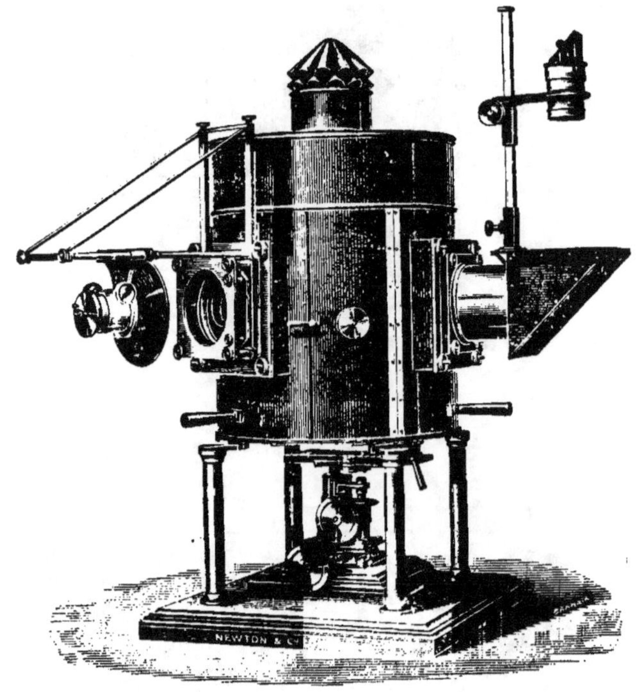

Fig. 27.

Science projection lantern de M. **Steward** (*fig. 28*). — Cet appareil est solidement fixé sur un banc en tôle rivée formant quatre pieds. La lanterne proprement dite peut s'incliner légèrement; à cet effet, un bouton molleté serre à volonté l'axe de rotation situé à l'avant, tandis qu'à l'arrière un second bouton fixé à l'extrémité d'un autre axe permet de relever toute la lanterne en l'inclinant légèrement de façon à ce que l'axe du faisceau lumineux se trouve incliné de haut en bas. Cette disposition est utilisée dans certains cas de projection par réflexion et se combine avec les deux miroirs que l'on voit en avant du condensateur et au-dessus de l'objectif. Le condensateur est composé de trois lentilles enchâssées dans des panneaux, de telle sorte que l'on peut, suivant le cas, employer soit une seule lentille, soit deux, soit trois : ces pan-

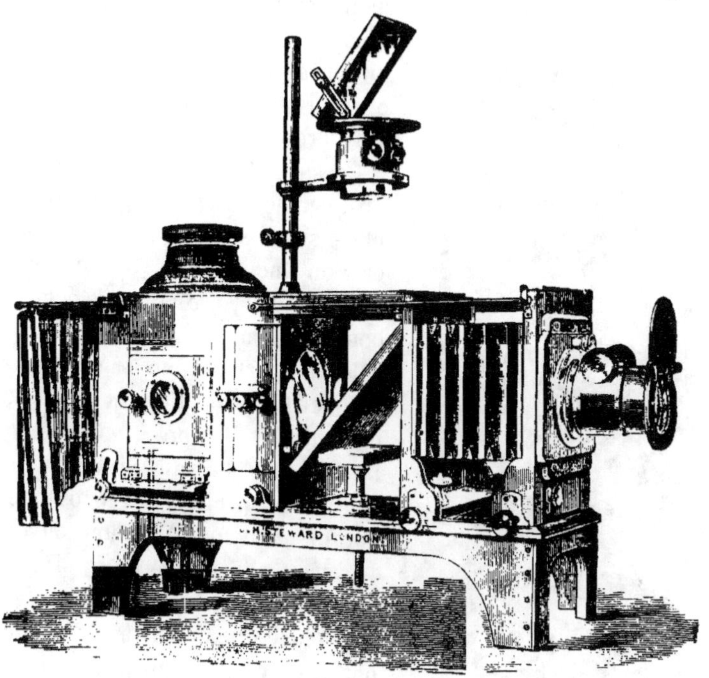

Fig. 28.

neaux se glissent par une ouverture pratiquée sur le côté de la lanterne. A l'arrière, une galerie porte un rideau en étoffe noire qui permet d'éliminer toute lumière sans gêner la manœuvre du chalumeau ou de la lampe électrique. Une porte latérale permet d'arriver facilement à l'arc ou au cylindre de chaux, et un regard fermé par un verre violet foncé permet de surveiller le foyer lumineux. A l'avant de la lanterne, deux ressorts plats servent à maintenir en place l'épreuve à projeter. En avant de cette première lanterne se trouve un support mobile de haut en bas au moyen d'une vis de rappel, et d'avant en arrière, dans une coulisse; il sert à mettre en place les objets opaques, les cuves, etc., etc. A l'avant du banc de tôle est disposée une seconde lanterne, mais celle-ci est constituée par un soufflet semblable à ceux des chambres noires de photographie; à sa partie antérieure se fixe l'objectif projecteur; l'avant et l'arrière de cette seconde lanterne glissent dans des rainures et sont commandés par des crémaillères.

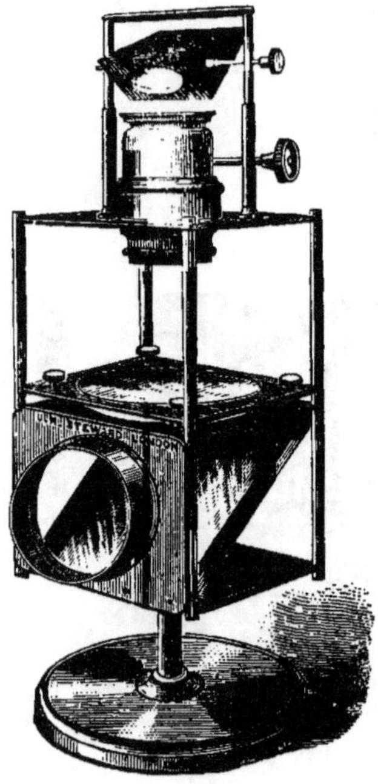

Lorsque l'appareil doit servir à projeter des corps opaques, on les place sur le support à vis de rappel, et l'on incline plus ou moins la lanterne d'arrière pour les éclairer convenablement. Au-dessus, une colonne portant une bague reçoit l'objectif à projection, et au-dessus un miroir incliné à 45° renvoi l'image sur l'écran. Si l'on a, au contraire, à projeter des corps transparents contenus dans une cuvette de verre, expérience de la circulation du sang, par exemple, on met à la place du support à vis de rappel un premier miroir incliné à 45°; au-dessus on place sur l'espace

Fig. 29.

libre entre les deux lanternes un châssis muni d'une glace transparente, et sur celle-ci la cuve portant la préparation à projeter. L'objectif et le miroir incliné ont la même disposition : ils peuvent glisser sur la colonne support, de façon à effectuer la mise au point.

M. Steward construit également un appareil pour les projections horizontales qui peut servir avec les lanternes ordinaires (*fig. 29*). Celui-ci se compose d'une cage formée par quatre colonnes verticales qui portent en bas un miroir incliné;

au milieu, une plate-forme transparente; en haut, l'objectif amplificateur, et au-dessus, un prisme qui renvoie l'image sur l'écran vertical.

M. **Watson** a combiné un appareil du même genre, mais qui diffère par quelques détails (*fig. 30*). Un pied à vis calantes porte une colonne munie d'une crémaillère qui permet de hausser à volonté tout l'appa-reil, de façon à le centrer exac-tement avec le condensateur de la lanterne employée. Au-des-sus, un large tube ouvert en avant porte à son intérieur un miroir incliné à 45°; en haut, une plate-forme transparente reçoit les objets à projeter. Sur le côté de cette plate-forme est fixée une colonne à crémaillère sur laquelle est attaché l'objec-tif amplifiant et le prisme re-dresseur. Des vis de rappel per-mettent de centrer exactement toutes les parties de l'appareil.

L'appareil nommé *News Electric projecting lantern, for diagrams and Physical experiments* de **Hughes**, se compose d'une lanterne sur co-

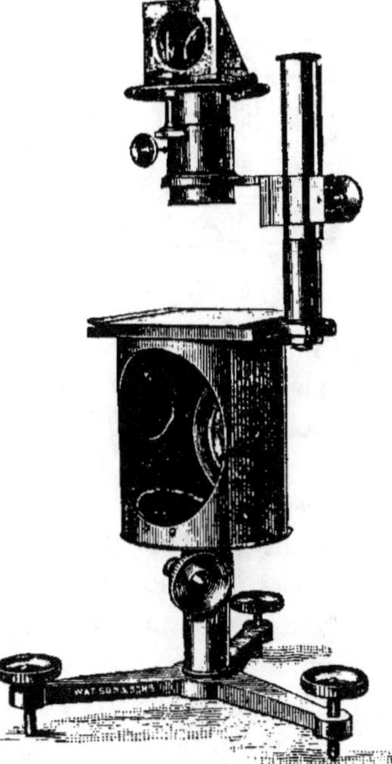

Fig. 30.

lonnes entre lesquelles est placé un régulateur électrique; en avant du condensateur, une tablette mobile porte l'objectif et un support sur lequel peuvent se placer les différents appareils à projeter. Une vis de rappel permet de mettre à la hauteur voulue toute cette partie, et une jambe de force réglable consolide le tout.

Cet appareil, très solide, très ramassé, donne toute latitude à l'opérateur, qui peut facilement manier les instruments à projeter.

Dans un instrument plus simple, la source lumineuse est un chalumeau à oxygène; un soufflet mobile relie le condensateur à l'objectif; il peut à volonté s'enlever, et il est alors remplacé par un support sur lequel peuvent se placer les différents accessoires.

Fig. 31.

La nouvelle lanterne *Combinaison* (*fig. 31*) de Ross est construite avec un soin tout particulier pour éviter un trop grand échauffement de l'appareil. Le corps de la lanterne est composé de plaques faites en cuivre oxydé, recouvert par une carcasse extérieure à prise d'air en chicane; cette enveloppe est en aluminium.

A l'intérieur se place un régulateur à arc électrique de construction spéciale, qui a l'avantage très recommandable de ne pas avoir de courant dans la lampe même, ce qui évite à l'opérateur les commotions désagréables.

L'avant de l'appareil peut recevoir une combinaison permettant les projections verticales; mais toute cette partie peut s'enlever facilement et être placée horizontalement.

Fig. 32.

Le condensateur est à volonté de 0^m115 à trois lentilles ou de 0^m140 à deux lentilles seulement.

Un autre modèle (*fig. 32*) est spécialement disposé pour l'emploi du chalumeau oxydrique et les projections horizontales. Ici, la lanterne qui contient le foyer lumineux est de dimensions très restreintes, et, par une disposition toute spéciale, l'enveloppe extérieure peut être soulevée et mettre à découvert le chalumeau pour le réglage de la flamme; une

série de regards munis de verres bleu foncé permet de surveiller la marche du chalumeau.

Appareils allemands.

Le célèbre opticien d'Iéna **Carl Zeiss,** qui a révolutionné
l'optique moderne, pourrait-on dire, a construit récemment des

Fig. 33.

appareils à projections de combinaison absolument nouvelle,
et grâce aux perfectionnements nombreux des modèles destinés
soit aux projections macroscopiques, soit aux projections microscopiques, il obtient des résultats très complets. Plus d'ac-
cidents produits par le bris des épreuves photographiques ou
des préparations, et enfin champ d'éclairage plus régulier et
surtout netteté beaucoup plus complète des images projetées.

Nous décrirons d'abord le modèle destiné à la projection des épreuves photographiques et des petits appareils de physique entièrement ou partiellement transparents et que représentent les figures 33 et 34. L'appareil se compose d'une lanterne contenant la source de lumière et d'un banc optique, le tout fixé sur un socle en chêne. La lanterne peut recevoir à volonté un chalumeau oxydrique ou une lampe à arc électrique; ce dernier système est le plus employé : c'est celui qui est représenté en coupe dans la figure 35.

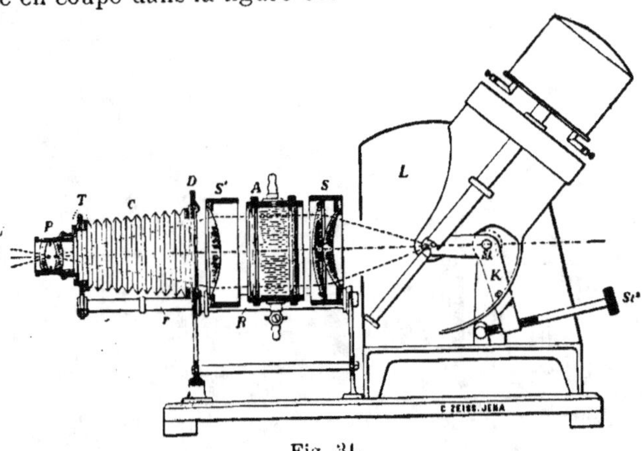

Fig. 34.

1. *Source de lumière.* — Seule, la lampe électrique à arc est à même de suffire à toutes les exigences; mais il convient de faire observer tout d'abord qu'il est de beaucoup préférable de faire usage de courants continus. Les lampes à courant alternatif donnent une lumière moins bien répartie et beaucoup moins intense à courant égal que les lampes à courant continu; elles ont aussi le grand défaut de faire un bruit désagréable, des plus gênants pour le professeur. Il conviendrait donc dans ce cas de transformer le courant alternatif en courant continu, mais il est bon de rappeler que les transformateurs demandent une installation coûteuse.

Dans le modèle représenté figure 35 (système Schuckert), les charbons sont inclinés d'arrière en avant d'environ 0^{m}40, disposition qui permet l'utilisation la plus avantageuse de la lumière émanant du cratère du charbon positif. L'on peut toujours ramener les charbons à la position verticale après qu'on a desserré la vis K (*fig. 35*). Lorsque les charbons sont placés verticalement, il faut avoir soin de placer le dôme de tôle de telle manière qu'il couvre bien exactement l'ouverture qui se trouve derrière la lampe. La lanterne est pourvue de chaque côté d'une porte donnant accès aux charbons et d'une fenêtre

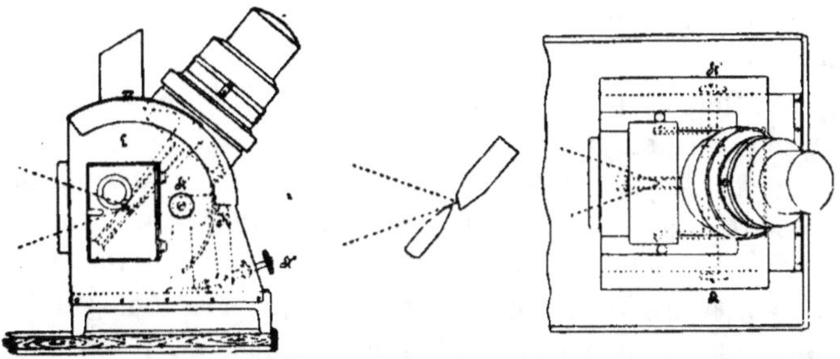

Fig. 35.

munie d'un verre de couleur très foncée (bleu ou vert) qui permet de surveiller l'arc.

Les deux vis de rappel S'^1 et S'^2 permettent le centrage exact de la source lumineuse. La vis S'^2 commande le mouvement de déplacement vertical, tandis que la vis S' qui sort des deux côtés de la lanterne donne le déplacement latéral.

2. *Banc optique.* — Le banc optique qui fait suite à la lanterne éclairante est constitué par un bâtis métallique, fixé solidement à l'aide de vis sur un plateau épais de chêne; à la partie supérieure sont disposés deux tubes en laiton R placés parallèlement à une distance convenable l'un de l'autre sur deux portants maintenus rigides par une barre à écrous. Dans chacun de ces tubes glisse à frottement doux un second tube r (*fig. 33 et 34*).

Ces deux tubes sont tenus à l'écartement nécessaire par la plaque T destinée à recevoir le système projecteur.

3. *Système collecteur* ou *condensateur*. — Ce système se

compose de deux parties séparées l'une de l'autre : la première S comprend deux lentilles, la seconde S n'en renferme qu'une seule. Les pièces de laiton dans lesquelles sont serties ces lentilles sont disposées pour être placées sur les deux tubes fixes constituant le banc optique; de cette manière, les deux systèmes optiques peuvent être déplacés et glissent librement dans la direction de l'axe optique et ils sont ainsi toujours centrés l'un par rapport à l'autre.

Le système à deux lentilles sert à rendre sensiblement parallèles les rayons émanant de la source lumineuse L, tandis que la lentille S a pour but de les ramener en un foyer coïncidant aussi exactement que possible avec le plan du diaphragme du système projecteur P.

Ce dispositif permet de réaliser la plus forte luminosité qu'il soit possible d'atteindre à l'aide des lentilles éclairantes, et c'est là un perfectionnement de premier ordre. Le diamètre des lentilles est suffisamment grand pour que les photographies transparentes puissent être éclairées jusque dans leurs angles extrêmes sans qu'il soit nécessaire d'utiliser les zones marginales du faisceau lumineux, qui forcément sont entachées de fortes altérations sphériques et chromatiques. Ce grand diamètre des lentilles est également indispensable pour obtenir un éclairage régulièrement réparti sur toute la surface.

Les deux parties du système collecteur pouvant être à volonté écartées ou rapprochées, on a la possibilité d'employer des systèmes projecteurs (objectifs) de distances focales s'écartant plus ou moins de celles des aplanats de projections construits spécialement pour cet appareil, savoir : $f = 0^m200$, $f = 0^m250$ et $f = 0^m300$.

Le système à deux lentilles S se place à l'extrémité du banc optique, tout contre la lanterne, la face concave faisant face à la source lumineuse; la lentille S sera placée à l'autre extrémité du banc, sa face plane contre le diapositif.

Si l'on désire employer des objectifs à projections de distance focale plus courte que ceux montés sur l'appareil, on installe d'abord les lentilles comme il vient d'être dit plus haut, et, déplaçant le support T du système projecteur, on met l'image au point sur l'écran sans s'inquiéter de l'auréole colorée qui entoure l'image; on rapproche ensuite la lentille S de la source lumineuse jusqu'à ce que cette auréole ait disparu et que l'image soit éclairée bien régulièrement sur toute son étendue.

Si l'espace libre n'est pas suffisant, on peut parfaitement placer la chambre à eau A entre la lentille S et le support à diapositif D. Pourtant, si la distance focale du système projecteur est considérablement plus courte que celle de l'aplanat spécial, les photogrammes du format pour lequel l'appareil est construit ne seront plus entièrement éclairés et une auréole viendra restreindre l'image utilisable.

S'agit-il, au contraire, d'utiliser des systèmes projecteurs de plus longues distances focales, il est nécessaire de remplacer la lentille S par une autre de distance focale plus grande.

4. *La chambre à eau* A se place sur le banc optique de la même manière que les lentilles et peut glisser sur les deux tubes du banc optique; la plupart du temps elle se met entre les deux systèmes de lentilles, mais, comme nous l'avons dit déjà, l'on peut également la placer entre la lentille simple et la coulisse dans laquelle glisse le châssis porte-photogramme.

Cette chambre à eau a pour but d'absorber en grande partie les rayons caloriques émanant du foyer lumineux, et l'on évite ainsi la rupture des épreuves, accident trop fréquent lorsque l'on emploie l'arc électrique. L'on remplit d'eau privée d'air (ayant bouilli) cette chambre à eau en ayant le soin de l'introduire par la tubulure inférieure, méthode qui évite les bulles d'air et permet de balayer les impuretés qui peuvent exister à la surface des verres. L'on arrive aisément à cela en reliant la tubulure inférieure avec un tube de caoutchouc assez long pour que, étant relevé en l'air, il dépasse le niveau supérieur de la chambre à eau; un entonnoir placé dans le bout libre du tuyau permet d'introduire l'eau sans difficulté.

La chambre à eau se démonte facilement afin de rendre facile le nettoyage intérieur. Pour la rendre de nouveau étanche, on remplit de suif pur la petite rigole circulaire dont les pièces de la monture sont munies sur leur face inférieure.

Lorsque l'appareil doit fonctionner longtemps sans interruption, ou bien si l'on opère sur des photogrammes particulièrement sensibles à la chaleur, il convient de faire circuler librement un courant d'eau froide à travers la chambre à eau. Dans ce cas, on fait pénétrer le courant par la tubulure inférieure munie d'un robinet, un tube de caoutchouc placé sur la tubulure supérieure reprend le courant à sa sortie et le conduit dans un réservoir placé au-dessous de l'appareil.

5. Le *support à épreuves* D est fixé à demeure à l'extrémité antérieure des tubes R et disposé pour recevoir la planchette à diapositif. Un soufflet *enlevable* C le relie à la planchette porte-objectif. Ce dispositif permet d'enlever le soufflet et de rendre libre cet espace pour y placer les appareils, cuves à réaction, etc., que l'on voudrait projeter.

6. Le *support à systèmes projecteurs* T (objectifs) est fixé solidement à l'extrémité libre des tubes glissants et auxquels il sert en même temps d'intermédiaire rigide. Il est muni d'un mécanisme spécial de mise au point.

7. Comme objectifs, M. Zeiss recommande, lorsque l'on utilise la lumière électrique ou oxydrique, les aplanats à projections spéciaux :

$$\text{Pour diapositifs de } 8 \tfrac{1}{2} \times 10. \ldots \ldots \ldots \ 0^m200.$$
$$- \qquad\qquad 9 \times 12. \ldots \ldots \ldots \ 0^m250.$$
$$- \qquad\qquad 13 \times 18. \ldots \ldots \ldots \ 0^m300,$$

dont l'ouverture est 1 : 7.

L'on peut également employer l'objectif à portrait de Petzwal, ou mieux encore les objectifs à projections de Dallmeyer.

8. Une sorte de *jalousie* formée de lames de bois mince reliées entre elles par une étoffe souple peut être jetée par-dessus le système collecteur et la chambre à eau, afin d'arrêter la lumière latérale qui s'échappe des intervalles libres exis-

tant entre la lanterne et le support à épreuves diapositives.

Tel quel, cet appareil remplit admirablement toutes les conditions voulues pour donner des projections d'une luminosité et d'une netteté parfaites.

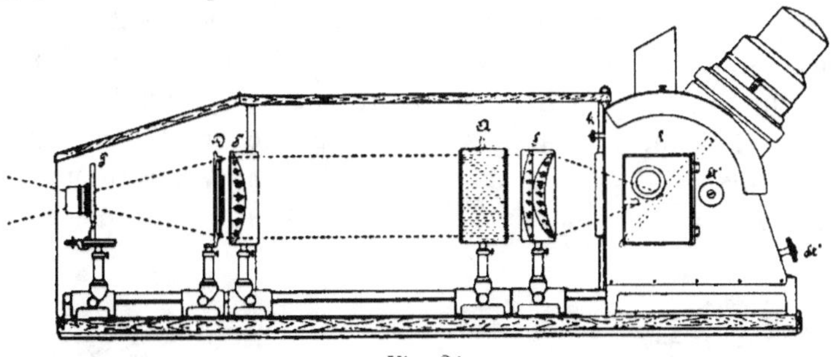

Fig. 36.

D'un autre côté, M. Zeiss a combiné un grand appareil avec banc optique, qui permet de faire à la fois des projections macroscopiques et des projections microscopiques.

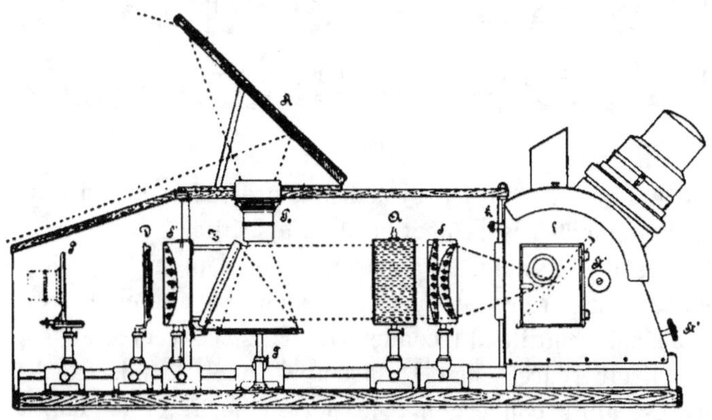

Fig. 37.

La figure 36 représente en coupe la disposition employée pour les projections macroscopiques verticales ; les lentilles du condensateur, la cuve à eau, le porte-châssis et le porte-objectif glissent sur un rail central triangulaire et peuvent occuper toutes les positions voulues.

La figure 37 donne une coupe de l'appareil disposé pour la

projection des objets placés horizontalement. Un premier miroir D renvoie verticalement le faisceau lumineux issu de S, composé des deux lentilles accouplées; la seconde S' ne sert pas dans ce cas. En sortant du groupe des deux lentilles S, les rayons lumineux sont parallèles et ces rayons éclairent l'objet placé sur la tablette T, passent par l'objectif Po, se réfléchissent sur le miroir redresseur R et vont former l'image sur l'écran. Le support pour le système à projection P et le support à diapositif O, avec mécanisme d'échange, restent sur le banc; on n'a qu'à enlever le miroir Z et à introduire l'objectif

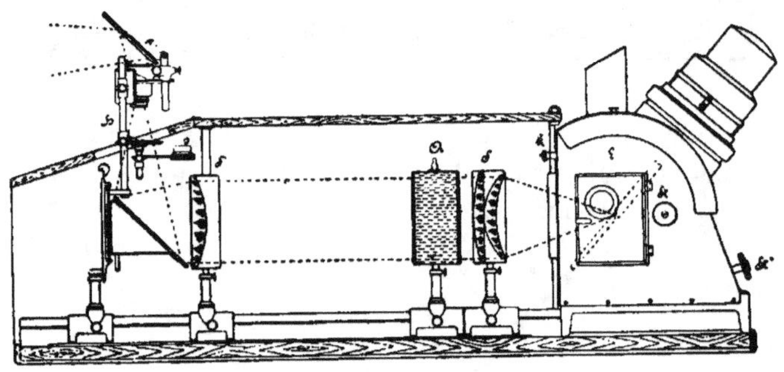

Fig. 38.

dans le support pour les systèmes à projection P pour passer immédiatement à la projection de diapositifs.

La figure 38 montre l'appareil disposé pour la projection d'objets transparents (disposés dans une cuvette en verre), où la troisième lentille du condensateur est conservée et le premier miroir redresseur est placé après elle : le faisceau lumineux est alors convergent; le porte-objectif et le deuxième miroir redresseur sont fixés sur le support H, qui lui-même est relié à la pièce D. En ramenant le bras écarté qui porte la lentille collectrice S au-dessous de la table et en remplaçant le macro-objectif par un micro-objectif, on peut aussi employer cette installation pour la micro-projection sous faible grossissement. La lentille S'' est rapprochée de la lampe jusqu'à ce que S tombe dans la partie divergente du faisceau.

M. Zeiss vient de proposer un nouvel appareil qui diffère un peu de tous ceux employés jusqu'à présent. L'*épidiascope* a été combiné pour projeter à volonté des objets opaques ou des objets transparents. Quand il s'agit d'objets opaques, la lumière réfléchie par l'objet va former l'image sur l'écran,

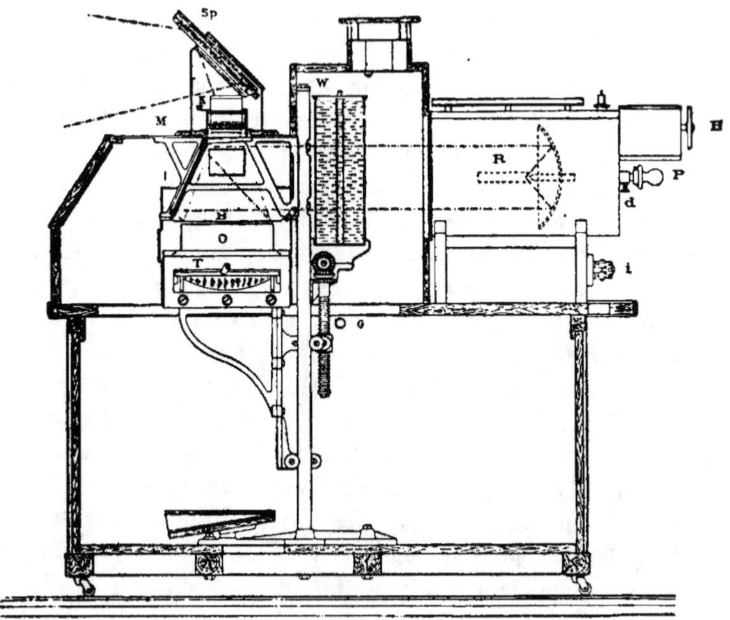

Fig. 39.

tandis que pour les objets transparents c'est la lumière transmise qui est utilisée.

La figure 39 donne une coupe schématique de l'appareil disposé pour la projection des corps opaques. Pour ce genre de projections, il est essentiel d'avoir beaucoup de lumière, et l'on peut dire que l'on n'en a jamais trop. Il faudra donc employer une lampe à arc très puissant, de 30 à 50 ampères. Le cratère du charbon positif envoie les rayons lumineux sur un réflecteur parabolique R en maillechort. Après la réflexion, les rayons traversent une chambre à eau W contenant une couche d'eau de 0,2 centimètres d'épaisseur, puis viennent frapper le miroir incliné I qui les renvoie sur les objets à projeter O placés sur une planchette coulissante. La projec tion proprement dite se fait, comme à l'ordinaire, par un objectif photographique. Le miroir redresseur S*p* renvoie l'image sur un écran vertical et le redresse en même temps.

Au premier abord, le redressement pourrait sembler inutile, puisqu'on peut placer les objets dans n'importe quelle direc· tion sur la tablette. Il y a cependant des cas où il est indispensable. Projetons, par exemple, une montre avec trotteuse. Si nous supprimons le miroir et que nous placions un écran opaque dans un plan horizontal au-dessus de l'objectif, la trotteuse marchera à reculons, tandis qu'avec le miroir redresseur elle avance dans la bonne direction sur l'écran vertical.

Pour passer de la projection des objets opaques à la projec tion des objets transparents, il n'y a qu'à relever le miroir I. Les rayons lumineux continuant leur marche viennent alors tomber sur le miroir II (*fig. 40*). sont renvoyés vers le fond de l'appareil, frappent le miroir III. traversent la lentille collectrice L et l'objet placé sur la tablette T, et suivent ensuite la même marche que pour la projection par réflexion.

Le chemin parcouru par les rayons lumineux entre le réflecteur et l'objet étant bien plus long pour la projection par transparence, il faut rendre le faisceau réfléchi par le réflecteur moins convergent si l'on veut éclairer une surface d'égale grandeur. A cet effet, on enfonce le réflecteur jusqu'à résistance à l'aide de la poignée P. Le cratère positif qui émet la lumière étant placé au delà du foyer du réflecteur, quand celui-ci se rapproche, le cratère se rapproche aussi du foyer et les rayons deviennent moins convergents.

En R*g* se trouve un verre fumé, qui étant placé au-dessus du miroir III est traversé deux fois par les rayons lumineux. Il sert à atténuer le contraste de clarté qui existe entre les deux genres de projections; l'on en fait usage seulement que lorsqu'on passe rapidement de l'une à l'autre des projections.

La raison de cette grande différence de clarté est la suivante : Quand les rayons lumineux traversent un diapositif,
ils ne subissent aucune déviation. Si l'on dirige sur un point A
du diapositif un cône lumineux ayant, par exemple, 20° d'ou-

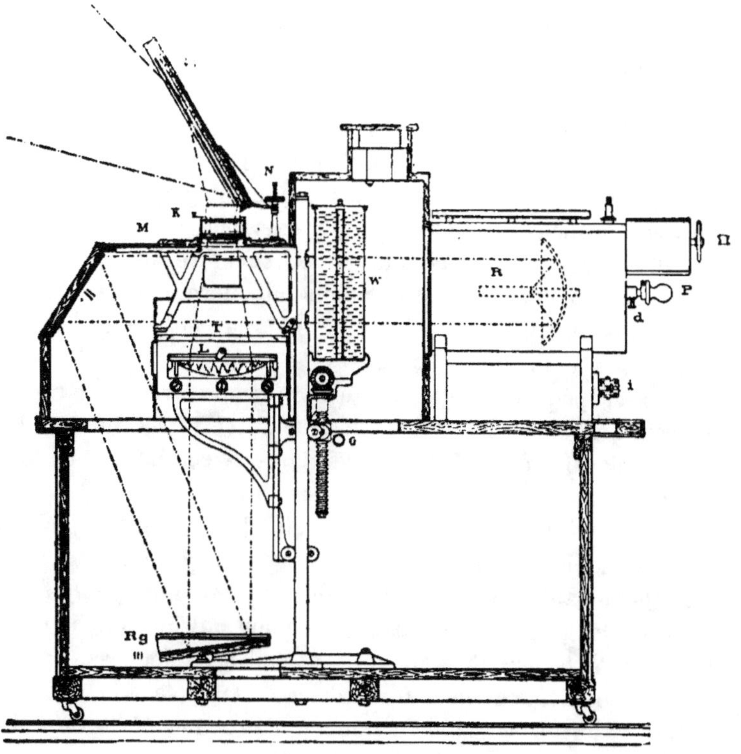

Fig. 40.

verture à son sommet A, le cône lumineux, qui du point A se
dirige vers l'objectif, sera pour ainsi dire le prolongement du
cône éclairant et aura, par conséquent, la même ouverture
que lui, soit 20° dans le cas présent.

Il sera facile de trouver un objectif photographique capable
de recevoir tout ce cône, dont on pourrait d'ailleurs encore
diminuer l'angle, si cela était nécessaire. Il n'y a donc pas de

perte de lumière. Mais si nous dirigeons sur un point A d'un objet opaque un cône éclairant ayant le même angle de 20° à son sommet (que nous supposerons de nouveau coïncider avec le point A), la lumière qui tombe sur ce point est réfléchie dans toutes les directions de l'espace ; elle forme, pour ainsi dire, un cône ayant à son sommet A un angle de 180°.

Aucun objectif photographique n'est capable de recevoir de l'objet un pareil cône. Il y a donc nécessairement une perte de lumière considérable pour les objets opaques projetés à l'aide de la lumière qu'ils réfléchissent. Il importe de réduire cette perte, dans la mesure du possible, en employant un objectif très lumineux : les Planars, par exemple.

Cet appareil permet, ce que ne peuvent faire les autres modèles, de projeter des figures noires ou colorées, même contenues dans un livre, de petits appareils, de petits animaux ou des parties d'objets plus grands.

Ceux-ci peuvent avoir jusqu'à 30 centimètres de large et 16 centimètres de haut ; leur longueur n'est pas· limitée. Le cercle éclairé et projeté n'a pourtant que 22 centimètres de diamètre.

Les objets à projeter se posent simplement sur la tablette coulissante de l'appareil. Pour la mise au point, on déplace la tablette de haut en bas à l'aide d'un mécanisme qui se voit au-dessous de la chambre à eau. Le bouton qui le commande se trouve à l'extérieur de l'appareil. Quand la tablette est immobilisée, ce qui peut être utile dans certains cas, la mise au point se fait par l'objectif mobile dans une rainure hélicoïdale. Le bouton K·règle ce mouvement.

La maison **Franz Schmidt et Hœnsch**, de Berlin, construit plusieurs modèles d'appareils à projection.

La figure 41 représente le modèle destiné aux projections horizontales. La lanterne du modèle Schuckert contient un arc électrique puissant que l'on peut surveiller par des regards munis de verres bleus ; des ouvertures latérales en chicane aèrent largement l'intérieur de la lanterne. A l'avant est fixé le condensateur. Celui-ci est composé d'une première lentille mobile d'avant en arrière, dans sa monture, au moyen de deux tiges; puis vient un refroidisseur à eau W et une seconde lentille contre laquelle est ménagée une coulisse D pour passer les images photographiques. A l'avant, un soufflet B relie ce cadre à l'objectif O. Toute cette partie est mobile sur deux tubes à coulisses.

Dans le modèle représenté dans la figure 42, la lanterne Schuckert et le système condensateur sont complètement sépa-

Fig. 41.

rés du reste de l'appareil. Une planche épaisse reçoit à une extrémité la lanterne, et en avant, dans une glissière, les différentes pièces nécessaires aux projections scientifiques, que celles-ci soient faites horizontalement ou verticalement.

Les mêmes constructeurs ont également établi d'autres modèles :

1° Appareil à projections verticales relié directement à l'avant de la lanterne Schuckert;

2° *Idem;* mais le miroir réflecteur et l'objectif amplificateur étant mobiles d'avant en arrière sur un support à quatre colonnes, cet ensemble est relié au condensateur par un soufflet;

3° Appareil pour projections microscopiques horizontales;

4° *Idem,* pour projections verticales;

4

5° Banc optique pour l'étude de la polarisation et pouvant se relier à une lanterne de Schuckert.

Le **Dr Krüss,** de Hambourg, a combiné plusieurs modèles de lanternes; nous citerons :

L'appareil à projection pour *glasphotogramme*. Dans celui-ci, la lanterne de Schuckert est munie de deux poignées qui en rendent le maniement plus facile que les lanternes déjà décrites; une chambre à eau est placée dans le condensateur.

Fig. 42.

Le *Sciopticon* pour projections de physique est un appareil simple monté sur un banc en fonte sur lequel peuvent se mouvoir la lanterne, le porte-objet et l'objectif.

Cette même disposition a été adoptée dans l'appareil plus spécialement destiné à la projection des spectres. Ici, l'éclairage est donné par la lanterne de Schuckert, et le banc optique est solidement établi de façon à permettre un réglage exact.

Microscopes de projections.

L'étude des infiniment petits entre pour une large part aujourd'hui dans les recherches scientifiques, et il n'est pas de branche de l'histoire naturelle, par exemple, qui n'ait continuellement recours au microscope. Là, plus que jamais, la projection vient en aide au professeur et lui permet de mettre sous les yeux de ses auditeurs les objets invisibles à l'œil nu et qui n'apparaissent que sous des grossissements considérables.

Les projections microscopiques forment donc une méthode spéciale, qui, bien que basée sur les mêmes règles que les projections ordinaires, demandent un outillage spécial. De tous les accessoires, pourrait-on dire, le microscope est le plus

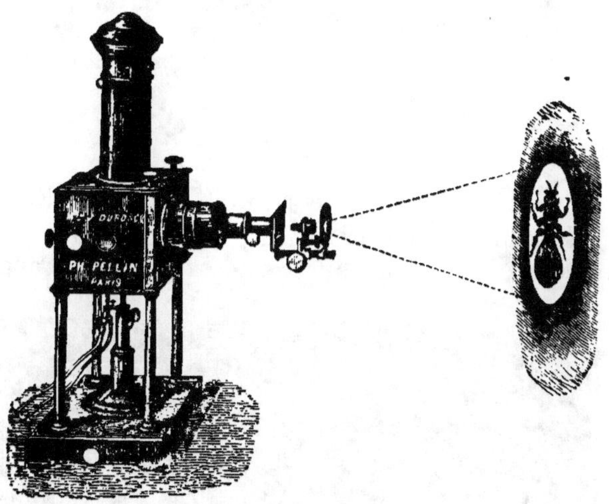

Fig. 43.

important; aussi aurons-nous à examiner sa construction et les manipulations qu'il comporte.

1. *Microscope solaire.* — Le microscope solaire, inventé en 1743 par Lieberkun, est, en réalité, le premier en date des appareils à projection, et, en fait, c'est celui qui permet d'obtenir les effets les plus parfaits, car la lumière solaire est de beaucoup supérieure, sous tous les rapports, à tous les éclairages artificiels que nous pouvons employer.

Le modèle de **M. Pellin** se compose d'une plaque épaisse en cuivre qui se fixe sur une ouverture éclairée par le soleil. Un miroir, manœuvré par deux boutons, permet de réfléchir les rayons lumineux dans l'axe de l'appareil. Un large tube porte à son ouverture extérieure une lentille éclairante à large surface et à l'autre extrémité une seconde lentille (*focus*) à foyer court qui sert à concentrer sur la préparation un faisceau de lumière. Ce focus peut varier dans sa position au moyen d'une crémaillère. Le porte-objet, le système grossis-

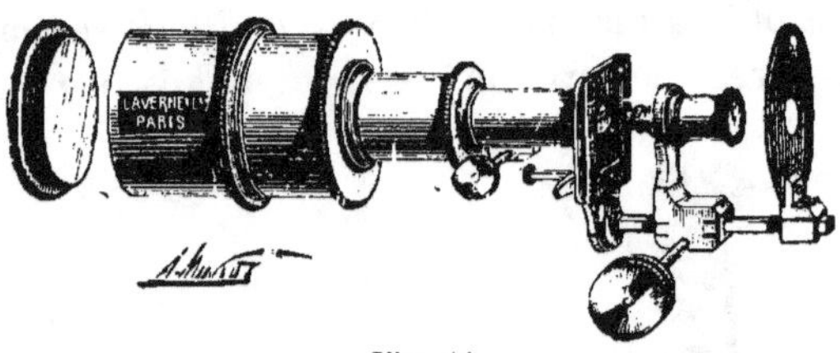

Fig. 44.

sant et un écran diaphragme servant à éliminer les rayons extrêmes terminent l'appareil.

Ce système, modifié dans le condensateur, peut s'appliquer

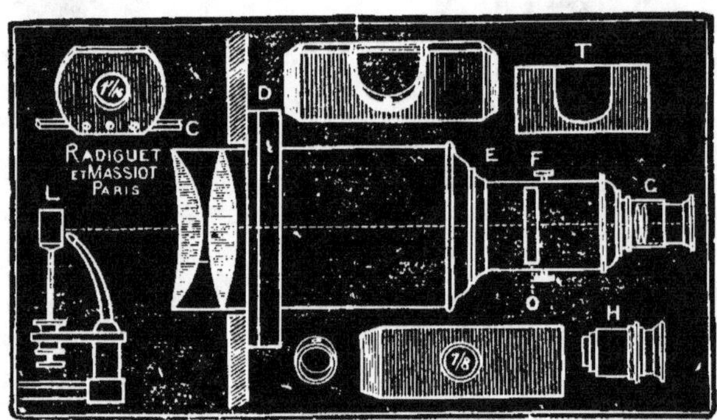

Fig. 45.

également sur la lanterne ordinaire (*fig. 43*); mais ici il faut toujours faire usage d'une source lumineuse intense.

MM. **Clément et Gilmer** construisent également un microscope de projection (*fig. 44*) qui s'engage dans le porte-objectif de leurs lanternes à projections ordinaires.

Lorsqu'il n'est pas nécessaire d'obtenir de forts grossissements, on peut se contenter d'employer des objectifs faibles (doublets), et ceux-ci ne nécessitent plus l'emploi de la lumière électrique. Le modèle de M. **Molteni** (*fig. 45*) se compose d'une monture qui se visse sur le cône de l'appareil de projection à la place de l'objectif. Cette monture porte deux plaquettes de pression, manœuvrées de l'extérieur par des boutons et destinées à maintenir les préparations en place; en avant est un tube à crémaillère dans lequel se vissent des objectifs de pouvoir grossissant différent. Ces appareils se manœuvrent de la même façon que les objectifs de projection ordinaire et donnent de très belles images. Avec un agrandissement suffisant, un bec oxydrique est nécessaire pour donner des images brillantes.

MM. **Radiguet et Massiot** ont tout récemment combiné

Fig. 46.

plusieurs modèles de microscopes à projections qui donnent d'excellents résultats.

Le modèle le plus simple (*fig. 46*) se place sur les lanternes ordinaires au moyen d'un tube de dimension voulue.

La platine est munie de ressorts qui permettent de fixer les préparations. Le long d'une règle trapézoïdale solidement fixée à la platine peut glisser une noix porte-objectif. La mise au point se fait en déplaçant cette noix et se termine en faisant tourner la vis micrométrique placée à l'avant.

La figure 47 représente un modèle plus complet. L'appareil se compose d'un corps principal servant à loger une cuve à alun d'une capacité convenable. Ce corps est prolongé par un tube dans lequel peut glisser un porte-focus mobile, au moyen de deux boutons disposés extérieurement. Ce porte-focus reçoit les lentilles-focus de divers foyers, qui permettent de concentrer le faisceau lumineux et de le faire converger exactement

Fig. 47.

sur la préparation pour avoir le maximum de lumière. Le tube à focus est terminé par une platine porte-objet mobile en tous sens au moyen de vis micrométriques : mouvement horizontal, vertical et circulaire.

Le porte-objet est monté sur noix, glissant au moyen d'une crémaillère le long de la règle trapézoïdale maintenue sur toute sa longueur par un tube qui vient se fixer sur la plaque de fixage du microscope. La rigidité est assurée par la platine même du microscope qui s'allonge à sa partie inférieure pour soutenir la règle.

En avant de l'objectif, un verre convexe ou concave peut être adapté, suivant que l'on voudra agrandir ou rétrécir le champ. Un diaphragme glissant sur la règle limite le champ, de façon à éliminer les rayons marginaux qui donnent du flou à l'image.

Le microscope se fixe sur l'avant d'une lanterne à projection ordinaire, au lieu et place du cône porte-objectif.

La figure 48 représente un modèle encore plus perfectionné que le précédent. Il peut servir à la fois à projeter des préparations microscopiques et à en faire la photographie; il peut

Fig. 48.

aussi servir à répéter toutes les expériences relatives à la polarisation.

Sur une même plaque de cuivre vient se fixer le corps principal qui contient la cuve à refroidissement et un long tube servant de soutien à la règle trapézoïdale. Cette règle est munie sur toute sa longueur d'une crémaillère permettant le déplacement des deux charriots, dont l'un sert à porter l'objectif et l'autre soit le jeu de lentilles-focus, soit le système polarisant.

La règle est, en outre, maintenue à moitié de sa longueur par la pièce terminant le tube central, de sorte qu'il ne peut se produire aucune flexion, et, par conséquent, aucun décentrement.

Afin de rassembler le plus parfaitement possible les rayons lumineux, et, par conséquent, obtenir le maximum d'éclairement de l'écran, un des côtés de la cuve à eau est muni d'une lentille concave. La cuve est d'une capacité assez grande pour que l'on puisse exposer longtemps la préparation sans qu'elle s'échauffe.

Le tube à focus porte, sur toute sa longueur, une ouverture qui peut être bouchée à l'aide d'un couvercle. C'est par cette ouverture qu'on peut changer les jeux de lentilles-focus ou le système polarisant. Les lentilles-focus sont montées de telle sorte qu'il est très facile de les enlever du charriot qui sert à les faire glisser dans le tube.

Pour la polarisation, il suffit de retirer la monture complète portant le focus et de le remplacer par le système polarisant, composé d'une lentille concave, d'un prisme de Nicols de 0,022^m et d'une lentille convexe.

Comme il est utile, suivant l'ouverture et le foyer des objectifs employés, de modifier la convergence des rayons lumineux autrement que par les lentilles focus, le constructeur a disposé en arrière de la platine mobile un disque tournant muni de concentrateurs et de diaphragmes.

La platine sur laquelle repose la préparation possède les mouvements en tous sens, verticaux et horizontaux, ainsi qu'un mouvement circulaire; les mouvements sont obtenus au moyen de vis de rappel qui font coulisser les cadres intérieurs.

Le porte-objectif possède un mouvement de mise au point rapide par crémaillère et un mouvement lent par vis micrométrique.

Le tube porte-objectif peut recevoir, suivant les cas, des diaphragmes, un verre concave pour augmenter le champ et un verre convexe pour le réduire. Il peut également recevoir une pièce tournante portant un second prisme de Nichols pour la polarisation.

Le microscope de projection de M. **Newton** se place dans le tube porte-objectif. Il porte une cuve à alun assez épaisse et qui se remplit par une ouverture fermée par un bouchon à vis. La mise au point se fait à la fois par une crémaillère et par une vis micrométrique à bouton molleté.

L'appareil ainsi disposé est fixé sur la lanterne inférieure de la *bi-unial lantern*, ce qui permet de projeter à la fois des préparations microscopiques et des photographies amplifiées de ces mêmes préparations.

Le microscope de projections est souvent employé dans les études sur la polarisation, et nous examinerons en détail cette question dans le chapitre sur les phénomènes physiques.

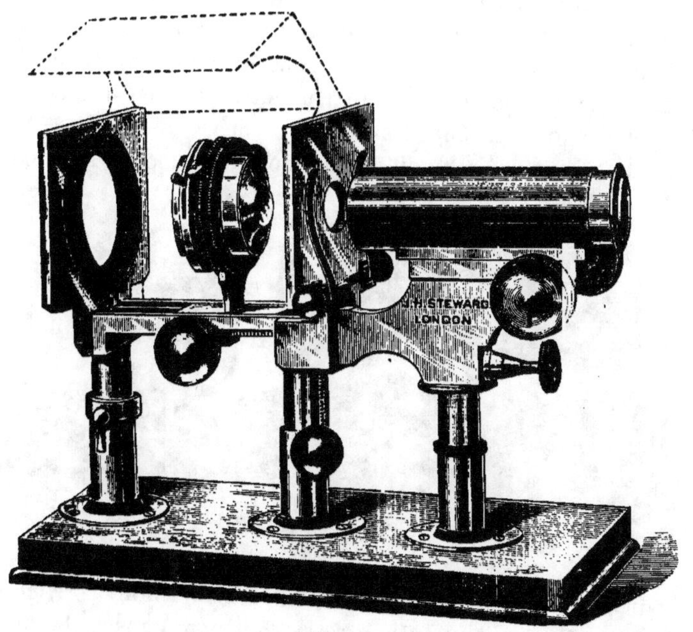

Fig. 49.

L'instrument appelé *Electric lantern microscope and micropolariscope* de M. **Newton** se compose d'une large cuve à alun qui arrête au passage les rayons calorifiques, et d'un tube mobile par une crémaillère à pignon qui contient les nickols polariseurs portés sur des plaques tournantes ; en avant, le système amplifiant permet une mise au point très exacte, grâce à la crémaillère rapide (objectifs faibles) et à la vis micrométrique (objectifs forts).

Le *Steward new projection microscope (fig. 42)* contient quelques dispositions fort intéressantes et qui ne se trouvent que dans ce modèle. Tout l'appareil est porté sur un pied indépendant qui se pose en avant de la lanterne à projection. Une tige centrale à crémaillère permet de centrer exactement le tout en ramenant l'axe à la hauteur du système éclairant que porte la lanterne. Un condensateur d'Abbe mobile d'avant en arrière remplace le focus ordinaire. Plus loin se trouve un porte-objet avec ressorts compresseurs. A l'arrière, le système amplifiant est un véritable microscope avec crémaillère et vis micrométrique; le tube est au pas universel, ce qui permet d'employer tous les objectifs de microscope.

Le *Micro-polariscope* du même constructeur peut également

Fig. 50.

servir pour la microscopie ordinaire en enlevant les Nichols *(fig. 50)*. Un large tube H entre à frottement dans la lanterne ordinaire à projection; plus loin, une cuve C reçoit la solution d'alun; F contient les appareils de polarisation, E est le porte-objet, P le système amplifiant. Au-dessous de l'appareil sont figurés les différents objectifs de microscope.

Le *New lantern microscope (fig. 51)* de MM. **Watson** et **Sons** est disposé dans le même genre que les précédents; mais cet appareil peut servir à dessiner avec la plus grande facilité les préparations projetées, grâce à un prisme à réflexion totale qui termine le système grossissant.

Telles sont les dispositions principales adoptées par les cons
tructeurs; mais il est bon de dire que tous ces instruments

Fig. 51.

nécessitent l'emploi de sources lumineuses puissantes. La
lumière oxydrique, l'électricité, sont nécessaires dans la
plupart des cas.

Mais l'on peut se servir également de l'acétylène, qui donne une lumière très vive et qui est plus pénétrante peut-être que toute autre. En employant le bec ordinaire et en projetant la flamme par la tranche, on réduit beaucoup l'étendue du point lumineux, condition importante pour augmenter la netteté; enfin, par l'emploi des becs à incandescence, on peut encore augmenter l'intensité lumineuse, mais en augmentant l'étendue du point lumineux.

La lanterne pour microscope de M. **Hughes** est éclairée par un chalumeau à oxygène; en avant du condensateur, une large cuve à eau intercepte les rayons calorifiques; en avant, un tube porte les lentilles du condensateur que des boutons molletés permettent de régler avec toute la précision voulue; à l'avant, un tube de microscope permet de placer les objectifs voulus et les oculaires à projections.

L'appareil du docteur **Krüss**, de Hambourg, a les mêmes dispositions que celui destiné à la spectroscopie; le même banc optique reçoit la cuve à lumière monochromatique et le microscope, convenablement centré et maintenu en place par des vis calantes.

E. Leitz, l'opticien de Wetzlar que connaissent bien tous les micrographes, a construit plusieurs modèles d'appareils à projection qui se font remarquer par quelques dispositions spéciales.

L'appareil de projection d'Edinger (*fig. 52*) donne des images qui viennent se projeter sur la table et qui peuvent être facilement dessinées, et en cela cet instrument diffère totalement des appareils ordinaires. Mais comme il très facile de substituer à la planchette à dessin un appareil photographique, le système d'Edinger devient le complément du grand appareil à projection.

Avec celui-ci, on ne doit pas chercher à obtenir des amplifications considérables; il est surtout destiné à projeter et dessiner de grandes préparations avec de faibles grossissements.

Sur un plateau de bois, au milieu duquel est encastrée une

planchette de tilleul, s'élève une colonne munie d'une coulisse
dans laquelle vient glisser une tige, support de tout l'appareil

Fig. 52.

amplificateur; un écran permet de fixer à hauteur convenable
cette partie mobile. En arrière, un support réglable reçoit une

lampe à pétrole munie d'un réflecteur argenté qui rejette la lumière sur une lentille éclairante fixée à l'extrémité d'un tube fixé horizontalement sur le support vertical mobile; à l'autre extrémité de ce tube est fixé un miroir à 45° qui rejette le faisceau lumineux sur une seconde lentille éclairante de plus faible diamètre : celle-ci peut glisser de haut en bas dans le tube qui la contient, de façon à la mettre exactement au point voulu; deux vis de serrage permettent de la fixer à demeure. En avant de la tige verticale est encastrée une crémaillère mue par un bouton molleté et une pièce mobile à laquelle est fixée la loupe ou l'objectif amplifiant; au-dessus de cette pièce et glissant à mouvement doux, une seconde pièce sert à placer les préparations à examiner. Grâce à ces dispositions, il est facile de faire varier la position relative de la préparation et de l'objectif, et de mettre au point très exactement l'image qui vient se peindre sur la planchette.

On peut faire varier dans d'assez grandes limites le grossissement d'une même loupe en élevant ou abaissant plus ou moins le support de bois. Une échelle graduée en centimètres permet de mesurer cette élévation.

La chambre photographique de Nieser permet d'employer cet appareil aux reproductions photographiques. Elle se compose alors d'un coffret en bois que l'on relie solidement à la planchette de base par deux petites presses à vis; à la partie inférieure, une coulisse permet l'introduction des châssis; la mise au point se fait par réflexion sur une feuille de carton blanc mise au lieu et place du verre dépoli. Grâce à cette méthode, cette mise au point, si difficile avec tous les appareils à photomicrographie qui utilisent le verre dépoli ordinaire, devient, au contraire, des plus aisées et l'on distingue très facilement les détails les plus fins. Une ouverture pratiquée à la partie supérieure de la boîte permet d'examiner directement l'image projetée sur le carton blanc.

Il existe deux modèles : l'un pour plaques 13 $\times$ 18, l'autre pour 24 $\times$ 30.

M. Leitz joint à cet appareil trois objectifs spéciaux de 24, 42 et 64 millimètres qui donnent les résultats suivants :

OBJECTIFS. — Distance focale.	GRANDEUR MAXIMUM de la préparation.	GROSSISSEMENT	
		Avec le petit appareil.	Avec le grand appareil.
24mm	8mm	7 à 15 fois.	13 à 25 fois.
42mm	20mm	3 à 9 —	6 à 13 —
64mm	35mm	2 à 4 —	3 à 8 —

Le *grand appareil à projection* de M. Leitz (*fig. 53*) est muni d'une lampe à arc pour projections de Schuckert, pour

Fig. 53.

courants continus de 12 à 20 ampères. Dans celle-ci, les charbons sont inclinés de façon à donner la meilleure position au cratère lumineux; des vis de rappel permettent de centrer bien exactement le point lumineux.

Le condensateur qui fait suite à la lanterne se compose de deux lentilles qui peuvent glisser horizontalement, ce qui permet de corriger toute aberration de réfrangibilité. Les rayons lumineux passent dans le condensateur sans converger beaucoup.

La monture en bois qui sert de base à l'appareil et à laquelle la lampe électrique est fixée porte une autre monture à glissière en métal sur laquelle peuvent se fixer les pièces suivantes :

1. Le réfrigérant, que le cône lumineux traverse dans sa plus grande largeur; l'eau qui s'y trouve et dont la masse a 3 centimètres d'épaisseur environ se renouvelle continuellement.

2. La chambre noire à soufflet avec tube. Un cercle en métal, adapté à l'un des châssis de la chambre, se glisse sur le réfrigérant, auquel il est fixé par une vis; l'autre châssis porte un tube de grand diamètre.

3. Le microscope avec condensateur et porte-diaphragme. Un tube plus long que celui de la chambre noire glisse sur ce dernier; du côté de la préparation, le gros tube n'a qu'une ouverture de grandeur moyenne devant laquelle on place à volonté le diaphragme cylindre ou le condensateur; un système à revolver permet de passer rapidement de l'un à l'autre. On emploie le condensateur avec de forts grossissements, soit avec les objectifs 5 à 1/2 et le diaphragme cylindre avec les grossissements faibles, soit avec les objectifs 1 à 4. Un petit mécanisme à pignon et crémaillère sert à mettre le diaphragme et le condensateur au point.

4. La platine avec le petit réfrigérant. Celui-ci est fixé sur la platine et porte la préparation qu'il protège contre l'influence des rayons calorifiques. On peut, en employant le condensateur, laisser la préparation même assez longtemps au foyer sans qu'elle se brûle. Une glissière permet de mettre successivement tous les points de la préparation dans l'axe optique.

5. Le porte-objectif est muni d'un revolver à trois objec-

tifs, d'un large tube à projection, d'un diaphragme pour réduire le diamètre du tube et d'un autre tube plus étroit qui se visse dans le précédent quand l'on veut projeter avec des oculaires. La mise au point des objectifs se fait par pignon et crémaillère, la mise exacte au foyer par vis micrométrique.

6. Monture en bois avec rideau d'étoffe. Se place sur le porte-diaphragme, la platine, le porte-objectif et le tube, afin d'éviter tout reflet de côté.

Fig. 54.

Pour projeter de grandes préparations de 0,020 à 0,050^m d'étendue on se sert avec avantage des objectifs de 0,090, 0,064 et 0,042^m de distance focale. Dans ce cas, il faut dévisser le tube qui se trouve derrière les objectifs. Ce tube sert à réduire le champ de l'image avec les forts grossissements.

A une distance de 4 mètres, les images sont très lumineuses, même avec les plus forts grossissements, et peuvent être projetées devant un nombreux auditoire.

Pour projeter des positives sur verre ou de grandes coupes, on procède de la manière suivante :

La lampe, le condenseur, le réfrigérant et la chambre noire restent en place. On enlève par contre la platine et le revolver à trois objectifs. Le porte-diaphragme est muni d'un pas de vis qui permet d'y adapter un objectif à projection de 0,300^m de distance focale, construit spécialement dans ce but. Un châssis porte-vue se place dans l'un des grands châssis de la chambre noire. Le châssis à glissière est à double cadre, il porte en outre un arrêt permettant de mettre rapidement un premier photogramme dans l'axe optique; pendant que l'on projette celui-ci, on place le second dans l'autre cadre du châssis qui se trouve hors de l'appareil.

La figure 54 représente une disposition ingénieuse qui permet d'utiliser ce même appareil pour les projections ordinaires. Toute la partie antérieure : porte-objet, objectifs, oculaires, peut être renversée sur le côté et remplacée par un objectif à projection ordinaire. La manœuvre peut se faire très rapidement, et il est aisé, par exemple, de monter successivement une préparation microscopique et une photographie d'une partie de cette même préparation très amplifiée par la photographie, et grossie une seconde fois par l'appareil projecteur.

C'est encore chez M. Zeiss que nous trouverons les combinaisons les plus parfaites pour la projection microscopique.

La figure 55 représente la disposition générale de l'appareil muni du microscope à projection simplifiée.

Sur une table massive est placée la lanterne électrique et en avant d'elle le condensateur SS″ et la cuve à eau A, en avant le porte-objet M et le porte-objectif P. Chacune de ces parties est mobile sur une glissière triangulaire E.

Au-dessous du tout se voit le dispositif pour écarter de l'écran et des spectateurs le faux jour si nuisible à la clarté et à la netteté des images.

Une planche horizontale noircie se fixe au-dessous de la table de projection. Elle porte à son extrémité libre une paroi mobile qui peut, en cas de besoin, être maintenue dans une position horizontale par un verrou. Cette planche est garnie de rideaux imperméables à la lumière. Sur le devant, une ouverture est ménagée dans les rideaux pour le microscope ou le système à projection. Les rideaux latéraux s'écartent facilement pour permettre de manier tous les appareils. Ordinairement, la paroi mobile prend une position oblique; mais quand elle est fixée dans la position horizontale on se sert d'un deuxième rideau qui peut, en cas de besoin, être tiré jusqu'au

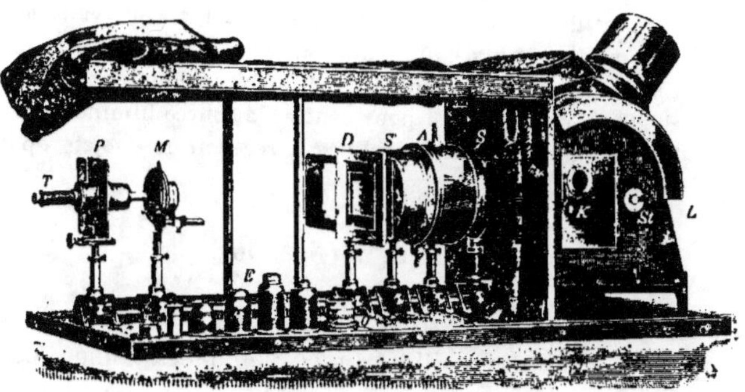

Fig. 55.

milieu. La paroi arrière de ce dispositif pour écarter le faux jour est attachée à la lanterne par une cheville K.

Les figures schématiques qui suivent montrent les différentes combinaisons de cet appareil.

Signification des lettres dans les schémas représentés fig. 56, 57, 58, 59, 60 :

    A. Chambre à eau;

    B. Miroir éclairant;

    C. Cuvette pour liquides colorés

    D. Support à diapositif;

    F. Socle, support du microscope, pouvant se déplacer latéralement;

    H. Appareil pour la projection de préparations liquides;

    I. Diaphragme iris;

    K. Cheville pour relier la lampe et le dispositif pour écarter le faux jour;

L. Lampe de projection ;

M. Platine montée à rotation sur patin ;

M. K. Microscope ;

P. Support pour les systèmes à projections ;

P. Objectif de projection ;

R. Grand miroir redresseur ;

R. Miroir redresseur s'adaptant au tube des objectifs à projection ;

S. Groupe de deux lentilles du système collecteur ;

S. Lentille unique du système collecteur ;

s. Lentille convergente montée sur un tube, pouvant se mettre au lieu et place du condensateur ;

Sp. Miroir pour l'éclairage par lumière incidente ;

S' et S'. Vis de rappel pour centrer la source lumineuse ;

T. Tablette sur patin, destinée à recevoir les objets opaques à projeter.

SCHÉMA 1 (*fig. 56*).

Microprojection avec le microscope de projection simplifié.
— Le support à diapositif D avec son mécanisme d'échange

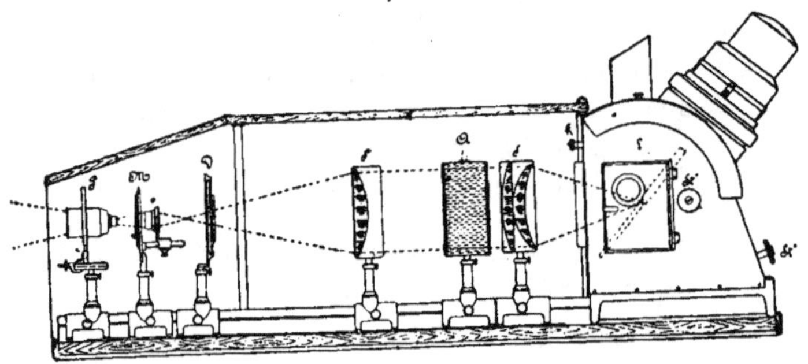

Fig. 56.

reste sur le banc optique, car il ne gêne pas le passage des rayons lumineux ; en *m* est la platine à rotation qui reçoit les préparations microscopiques ; en *g* est le microscope simplifié. Ces différents organes sont tous montés sur patin mobile et sur glissière horizontale qui supporte les différentes parties mobiles de l'appareil en assurant leur centrage exact.

SCHÉMA 2 *(fig. 57)*.

Plan pour la disposition des appareils pour la *microprojection avec statif de microscope.* — Le support pour les systè-

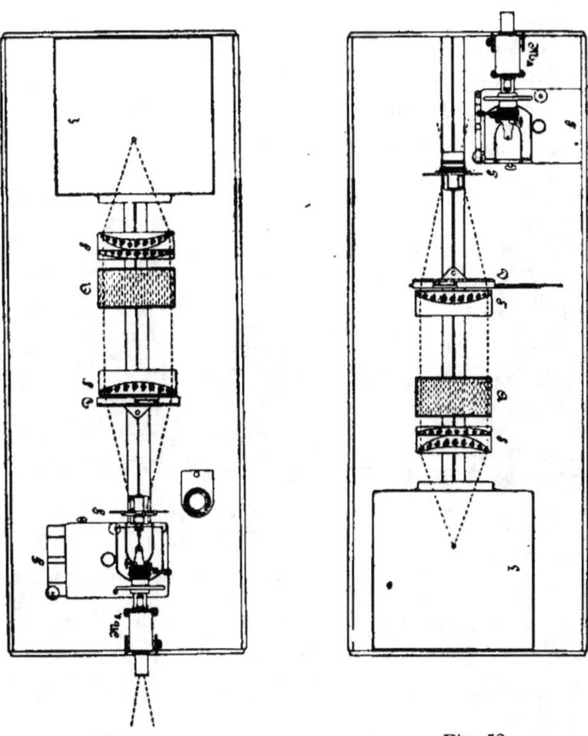

Fig. 57.   Fig. 58.

mes à projection P et le support à diapositif D sans le mécanisme d'échange restent sur le banc optique, et le statif spécial pour la microphotographie (ou projection) se met au lieu et place du microscope simplifié.

SCHÉMA 3 *(fig. 58)*.

Changement à effectuer pour le *passage de la microprojection à la macroprojection.* — Le statif de microscope est reculé hors de l'axe sur une coulisse placée sur le côté; le macro-objectif s'introduit dans le support pour les systèmes à projection P et le mécanisme d'échange est fixé au support à diapositif D.

SCHÉMA 4 (fig. 59).

Microprojection de préparations liquides ou objets incohérents. — Le statif de microscope est mis en position verticale, il est exhaussé à la hauteur voulue par le support F, et l'on met à la place voulue le miroir B qui renvoie le faisceau

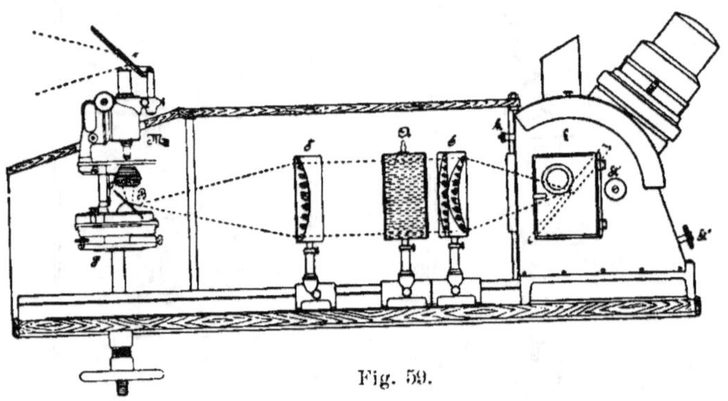

Fig. 59.

lumineux dans l'appareil d'éclairage A*bbe*, au-dessus du microscope ou second miroir *r*, incliné à 45°, projette l'image sur l'écran vertical; le tout est entouré par la partie libre du rideau, de façon à éliminer toute lumière latérale.

SCHÉMA 5 (fig. 60).

Microprojection avec éclairage par lumière incidente (réfléchie). — Le groupe des deux lentilles S est placé de façon à ce que le faisceau lumineux tombe en convergeant sur le miroir éclairant S*p* et de là sur la platine du microscope placé de côté comme dans le cas précédent; la troisième lentille, qui est destinée à faire converger le faisceau lumineux, est enlevée.

Schéma 6 (*fig. 61*).

Emploi du miroir éclairant *Sp* avec *l'illuminateur vertical*, contenu dans le corps même du microscope. La disposition est la même que dans le cas précédent, mais l'on ajoute la lentille

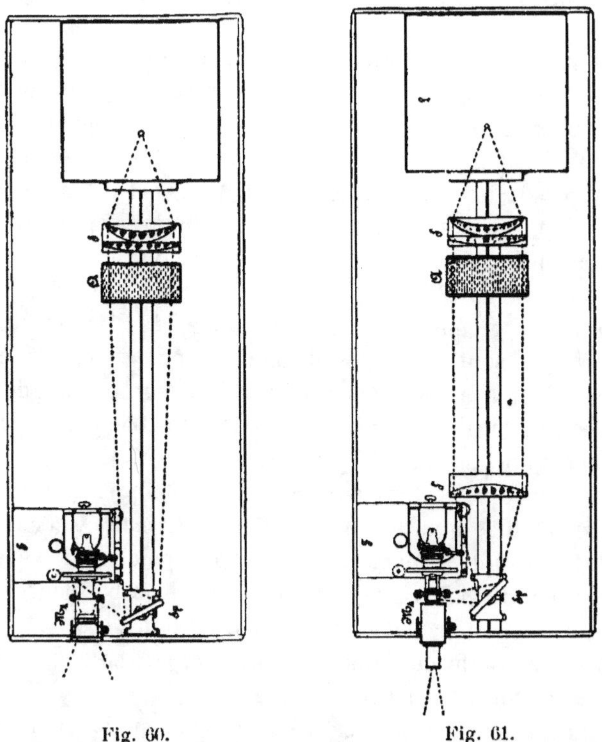

Fig. 60.   Fig. 61.

convergente du système éclaireur. Dans les deux cas, la cuve à eau (de refroidissement) est placée contre les deux premières lentilles du condensateur.

Il nous reste à décrire maintenant la pièce essentielle de c dispositif, le microscope, car pour les projections de préparations microscopiques il est essentiel d'opérer avec un instrument de haute précision.

Grâce à l'obligeance de M. le Dr Culmann, représentant à Paris de la maison Zeiss, nous pouvons donner une description très précise du dernier modèle construit par M. Zeiss, sous la direction de M. Max Berger, chef du bureau de construction de la maison Zeiss.

Microscope pour la microphotographie et la projection.

Les microscopes destinés à la microphotographie se distinguent à première vue des autres instruments du même genre par le plus grand diamètre de leur tube porte-objectif. On sait que ce tube plus large a un double but : il sert à éviter toute réflexion sur les parois internes, et il permet d'adapter sur le microscope les systèmes à long foyer employés en microphotographie en les vissant à l'extrémité même du tube.

Les nouveaux objectifs connus sous le nom de Planars que M. Zeiss a récemment construits d'après les calculs du Dr Rudolph, sont excellents en micrographie et en projection, grâce à leur grande ouverture; mais si leur champ doit être entièrement utilisé ils exigent un tube sensiblement plus large que ceux utilisés jusqu'à présent.

D'un autre côté, il ne suffisait pas d'échanger le tube étroit contre un tube plus large (de 0^m50 de diamètre), car il résultait de ce fait une augmentation de poids qui rendait la répartition du poids total tout à fait défavorable pour le mouvement micrométrique et, dans ces conditions, il était à prévoir qu'à la longue le mécanisme de la mise au point ne pourrait conserver toute la précision nécessaire.

Il fallut donc se décider à une transformation complète de toute la partie du mécanisme qui s'élève au-dessus de la platine du microscope. Plus d'une raison imposait d'ailleurs cette transformation, et il avait été reconnu que le mouvement lent devait être rendu plus sensible et que l'ensemble du mécanisme devait être logé plus solidement. A cette occasion, le microscope a reçu également une poignée qui permet de prendre à la main et de déplacer plus facilement l'instru-

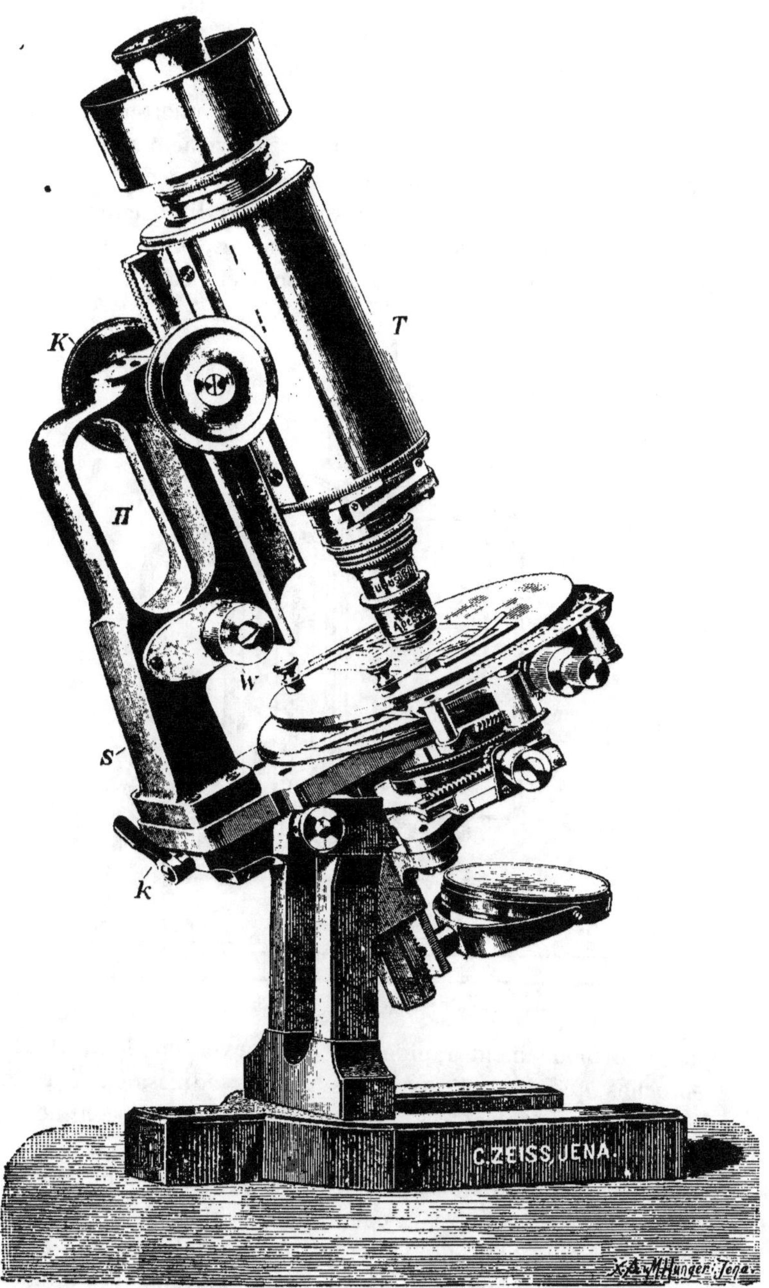

Fig. 62.

ment sans risquer d'abîmer les mouvements micrométriques.

A l'origine, le microscope servant exclusivement à l'examen de petits objets placés sur de petites lames de verre, la saillie du bâtis, c'est-à-dire la distance qui restait libre entre l'axe optique et le prisme de glissement, pouvait, par conséquent, rester petite. Dans ces conditions, rien n'empêchait de faire

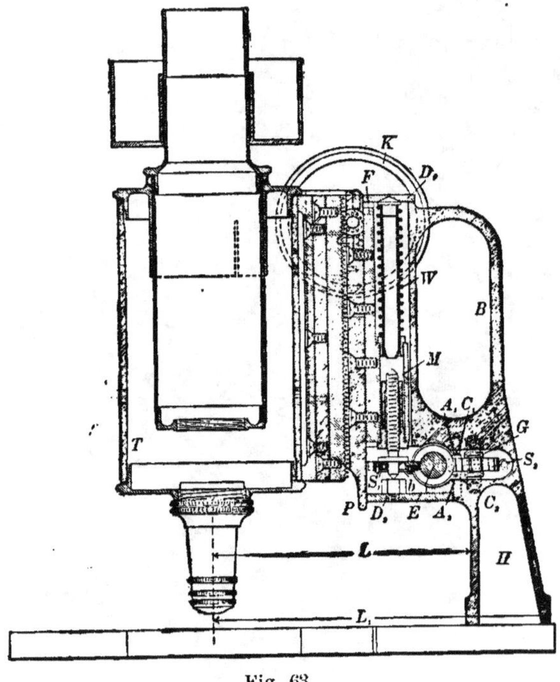

Fig. 63.

porter le mouvement rapide par le mouvement lent, et les reproches que les micrographes anglais adressaient à cette disposition, adoptée très généralement sur le continent, n'étaient pas fondés.

Mais lorsque les objets à examiner devinrent de plus en plus grands (coupes de cerveau, coupes en série) la platine et avec elle la saillie du bâti augmentèrent, ce qui entraîna une augmentation de son poids qui pesait sur le mouvement micrométrique et en rendait la construction de plus en plus difficile.

Dans le nouveau modèle, le constructeur a cherché à diminuer ce surpoids autant que possible. A cet effet, le mouvement lent a été placé immédiatement derrière le mouvement rapide, et les deux mouvements ont été rendus tout à fait indépendants de la saillie en les plaçant sur une espèce de grue surplombant la platine, sans que cet agrandissement nuise au bon fonctionnement des mouvements.

La figure 62 donne une vue générale de l'instrument, la figure 63 une coupe verticale, la figure 64 une coupe horizontale.

Déjà, à première vue, le nouvel instrument se distingue des formes employées jusqu'à présent. Là où l'on est habitué à voir le bouton de la vis micrométrique, on trouve une espèce d'arc B (*fig. 1* et *2*) servant de poignée. Cet arc sert en

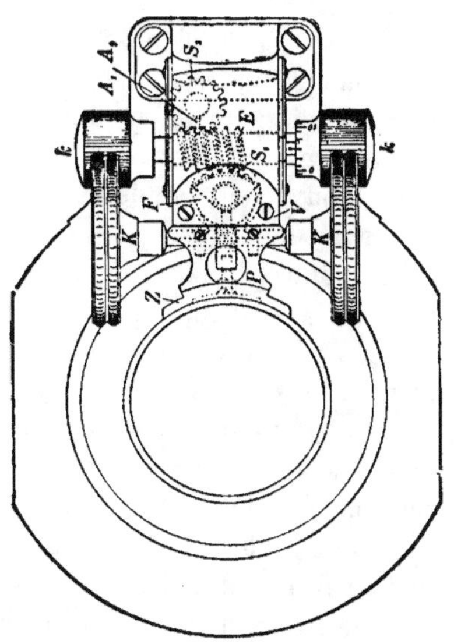

Fig. 64.

même temps à relier d'une manière rigide le support en poutre creuse H à la glissière V du mouvement micrométrique. Le prisme généralement employé pour guider ce mouvement a été complètement abandonné. Il est remplacé par une espèce de chariot F terminé en queue d'aronde. Ce chariot, très solidement construit, est du côté opposé au tube, limité à sa partie inférieure par une surface cylindrique, tandis qu'à sa partie supérieure il est évidé pour loger le ressort à boudin W. La partie inférieure de ce chariot F est percée d'un trou dans lequel est placé le très long écrou de la vis micrométrique M. On peut voir sur la figure que le ressort à boudin exerce sa pression dans la direction de l'axe de la vis micrométrique.

Le contact se fait entre une pièce en acier trempé fixée sur la vis et une autre pièce d'acier trempé en forme d'enclume. Cette dernière pièce est vissée sur le couvercle D qui ferme l'orifice inférieur du support H. Ce couvercle est suffisamment étanche pour empêcher les poussières d'entrer dans l'intérieur du mécanisme. La glissière P du mouvement rapide est solidement vissée sur le chariot F du mouvement lent. Afin d'éviter une usure trop rapide de la coulisse, le tube en aluminium T est, comme l'indique la figure, relié par l'intermédiaire d'une pièce coulissante Z en cuivre rouge à la crémaillère de la tige qui sert au guidage.

Le mouvement rapide ne diffère pas sensiblement du mécanisme usuel.

Par contre, le mouvement lent présente quelques particularités intéressantes. On reproche, avec quelque raison, aux anciens modèles que la partie la plus délicate de leur mécanisme, la vis micrométrique, peut facilement être endommagée, parce qu'elle n'est pas du tout protégée. Ici, cette vis micrométrique a été placée à l'intérieur d'un support creux, où elle se trouve entièrement à l'abri ; en plus, elle est entièrement soustraite à l'action directe de la main, étant mise en mouvement par l'intermédiaire d'une vis sans fin E qui s'engrène dans la roue dentée S fixée sur le collet qui se trouve au bas de la vis micrométrique. Cette disposition présente deux avantages : le mouvement lent est ralenti sans qu'il soit nécessaire de diminuer à l'excès le pas de la vis ; en outre, la vis sans fin peut être très solidement logée dans le support-poignée qui ne prend part à aucun des deux mouvements, que même des actions mécaniques assez violentes restent sans effet sur la vis micrométrique.

L'intercalation de la vis sans fin a encore un autre avantage : elle donne la possibilité d'employer deux boutons K, K, de mise au point lente, un de chaque côté de la monture, tout comme cela se fait pour la mise au point rapide. Pour les mesures d'épaisseur, le bouton gauche K porte une division. Un intervalle correspond à un déplacement du tube de 0^m002. Sur l'axe de ces boutons K, on peut fixer un mécanisme (non représenté sur la figure) qui permet de manœuvrer la vis à distance, comme l'exigent les travaux de microphotographie.

La vis sans fin et la roue dentée dans laquelle elle s'engrène ont été spécialement construites pour ce microscope. Grâce à sa fabrication particulièrement soignée le mécanisme n'a pour ainsi dire pas de temps perdu. Mais pour éliminer complètement ce défaut on a eu recours à l'artifice suivant : la roue dentée S est constituée par l'assemblage de deux disques engrenants susceptibles de tourner l'un par rapport à l'autre; un ressort b presse ces disques contre le filet de la vis sans fin.

Pour éviter que la vis micrométrique ne soit endommagée quand le chariot arrive soit à sa base, soit à sa plus haute position, l'écrou étant tout près de toucher le collet de la vis M, ou le chariot le couvercle supérieur D du support, un mécanisme de protection limite la course de la vis sans fin. La figure 3 fait voir que le filet de cette vis a été prolongé vers la droite du microscope pour permettre à une deuxième roue d'engrener. Cette roue S^2 est évidée au centre, le trou porte un filet à pas rapide au moyen duquel la roue monte ou descend sur le bouton fileté G. La roue S^2 porte deux saillies A et A^2 qui, dans la position moyenne, passent sans affleurer entre les deux vis de butée C et C^2. Mais si, à partir de sa position moyenne, la vis sans fin fait un nombre de tours égal au nombre de dents de la roue S^2, celle-ci fera un tour complet autour de son axe et se déplacera vers le haut ou vers le bas. Le déplacement sera égal à la hauteur du pas-de-vis du bouton G, et l'une ou l'autre des saillies A et A^2 viendra heurter contre les butoirs C ou C^2. La résistance de ces butées arrête brusquement le mouvement des boutons K, et, même en forçant, on ne court aucun risque d'abîmer la vis micrométrique.

Pour compléter cette description, nous donnerons quelques indications sur les dimensions de la partie supérieure du microscope. La saillie L mesure 0^m75, la longueur totale L environ 0^m98. Le tube, dont la disposition se voit sur la figure 3, a, comme nous l'avons déjà dit, un diamètre de 0^m50; la partie

inférieure du coulant porte-oculaire a 0ᵐ30 de diamètre extérieur.

Nous devons également attirer l'attention sur le frein perfectionné adapté à la partie inférieure du statif. A l'aide du
bouton K (*fig. 55*), on est à même de serrer plus ou moins le
mécanisme d'inclinaison. Grâce à ce frein et à la poignée, l'inclinaison s'opère avec la plus grande facilité.

Le nouveau microscope que nous venons de décrire est

Fig. 65.

destiné en première ligne à la microphotographie; il sera
aussi extrêmement utile dans la projection directe de préparations microscopiques; enfin, la délicatesse de ses différents
mouvements le rendent également fort utile dans l'observation
directe.

Nous pourrons donc dire, sans exagération, que c'est le modèle idéal par excellence et qu'il dépasse de beaucoup tout ce
qui avait été fait jusqu'à présent.

Pour la microprojection, où un centrage mathématiquement

exact n'est pas indispensable, M. Zeiss a construit pour les
planars des manchons revêtus de cuir qui entrent à frottement
doux dans le tube principal du statif (*fig. 65*) et qui permettent
le changement rapide des différents numéros entre eux.

Mais il ne suffit pas d'avoir en main les appareils que nous
venons de passer en revue, il faut encore faire usage d'objectifs
parfaits si l'on veut obtenir en microprojection des résultats
satisfaisants. Avec des objectifs imparfaitement corrigés les
images sont trop souvent déformées, elles manquent de netteté
et de lumière ; aussi croyons-nous indispensable d'examiner
avec attention cette question des objectifs, en nous étendant
suffisamment sur les objectifs apochromatiques.

Objectifs apochromatiques.

Les objectifs de cette série se distinguent, au point de vue
optique, de tous les systèmes précédemment employés en micrographie par la réalisation simultanée de deux conditions
relatives à la réunion des rayons du spectre en un même foyer.

La première consiste dans la convergence en un même point
de l'axe de trois rayons différents du spectre, ce qui entraîne
la suppression du spectre secondaire qui existe toujours dans
les objectifs ordinaires. La seconde condition consiste dans la
correction de l'aberration de sphéricité pour deux rayons de
couleurs différentes, tandis que jusqu'à présent la correction
n'était atteinte que pour un seul (celui dont la couleur est la
plus claire).

Tous les objectifs achromatiques ordinaires ne donnent une
image nette que pour les rayons d'une seule couleur (intermédiaire entre le jaune et le vert pour les instruments à observation directe, intermédiaire entre le bleu et le violet pour la
photographie).

Pour toutes les autres couleurs, ils donnent des images de
plus en plus effacées, entourant l'image la plus nette d'un
bord coloré, ou bien formant un nuage général qui envahit
tout le champ. Les objectifs apochromatiques fournissent, au

contraire, pour tous les rayons du spectre des images d'une netteté à peu près uniforme. On peut donc observer à la lumière blanche (lumière composée), ou bien ne faire intervenir que quelques parties du spectre (soit en employant l'éclairage monochromatique, soit en photographiant) : l'image sera toujours d'une égale perfection.

De plus, dans les anciens systèmes, la correction des aberrations chromatiques n'est tout à fait bonne que pour une seule zone de l'objectif; elle devient de plus en plus mauvaise vers les bords et vers le centre de la lentille. Dans les systèmes apochromatiques, au contraire, la correction chromatique est également parfaite pour toutes les zones de l'objectif.

Enfin, dans les systèmes achromatiques ordinaires, il n'y a que les rayons de deux couleurs qui se coupent en un même point, même pour la zone de l'objectif où la correction chromatique est la meilleure : les images des différentes couleurs ne coïncident donc que deux à deux et présentent entre elles des différences de foyer très notables. Dans les systèmes apochromatiques, les rayons de différentes couleurs se coupent trois à trois au même point, de sorte que l'espace réservé aux différences de foyer est pour tous les rayons du spectre (depuis les rayons optiques jusqu'aux rayons chimiques extrêmes) de sept à dix fois moindre et peut, par conséquent, être considéré, en pratique, comme réduit à zéro, et cela d'une façon identique pour chaque zone de l'objectif. Les images des différentes couleurs, déjà très nettes en elles-mêmes, sont donc amenées à coïncider parfaitement et à agir simultanément pour produire un seul et même effet.

L'achromatisme supérieur des systèmes apochromatiques est donc, au point de vue théorique et pratique, toute autre chose qu'une amélioration du degré de l'achromatisme comme on le comprenait jusqu'à ce jour et qui réduisait le spectre secondaire sans parvenir pourtant à réunir en un même point plus de deux couleurs différentes du spectre, ou bien ne réaliserait cet achromatisme d'ordre supérieur que pour une seule zone de l'objectif et non pour toute l'ouverture de la lentille. Les avantages pratiques de ces innovations sont de la plus haute importance. Une concentration de lumière beaucoup plus grande pour l'observation directe avec un éclairage quelconque (central ou oblique, de couleur blanche ou monochromatique) assure à ces objectifs un avantage considérable sur tous les autres systèmes, tant au point de vue de leur action qu'à celui des applications dont ils deviennent susceptibles.

Les couleurs naturelles des objets sont rendues jusque dans leurs plus faibles nuances et l'image est presque aussi nette sur les bords qu'au milieu du champ.

Nous citerons parmi les objectifs apochromatiques construits par Zeiss les systèmes à distances focales de 0^m070 et de 0^m035, destinés spécialement à la microphotographie et à la projection.

Mais il faut convenir que ces combinaisons apochromatiques, malgré leur grande supériorité, ont encore, mais à un degré moindre, un inconvénient assez grave : celui de produire certains défauts d'achromatisme dans les régions périphériques (différences chromatiques de l'amplification). Les images des différentes couleurs qui constituent l'image définitive de tout objet sont d'une grandeur différente; ainsi, l'image des rayons bleus est plus grande que celle des rayons rouges. Si donc on projette directement une image à l'aide d'un objectif fort (sans oculaire ou avec un oculaire ordinaire), on remarque un contour coloré qui augmente à mesure qu'on se rapproche du bord du champ. Ce défaut est surtout sensible avec les objectifs d'ouverture considérable, dans lesquelles la lentille frontale est hémisphérique.

Les objectifs apochromatiques ont aussi cette propriété. Dans les numéros faibles, elle leur a même été donnée au même degré, avec intention, afin de pouvoir ensuite, à l'aide d'oculaires spéciaux, supprimer complètement ce défaut. Dans ce but, les oculaires (dits oculaires compensateurs) sont construits de telle façon qu'ils ont le défaut contraire au même degré, c'est-à-dire qu'ils donnent, pour les rayons rouges, une image plus grande que pour les rayons bleus. L'action des objectifs est ainsi compensée par ces oculaires et l'image apparaît d'une couleur uniforme jusqu'au bord du champ.

Cette action compensatrice est rendue évidente d'une manière tout à fait caractéristique par le fait qu'on voit le bord du diaphragme, surtout dans les oculaires les plus forts, où il se trouve placé au-dessous des lentilles, fortement liséré de rouge avec un objectif ordinaire, tandis qu'avec les objectifs apochromatiques l'image de l'objet est parfaitement exempte de coloration jusqu'aux bords du champ.

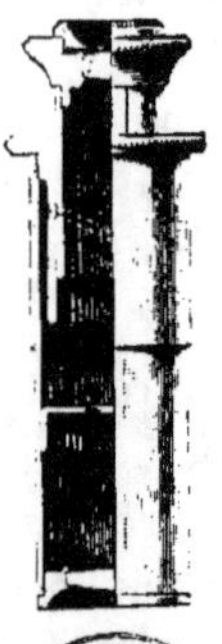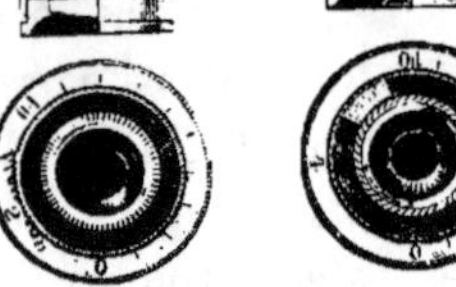

Fig. 66.

M. Zeiss a également construit des oculaires spéciaux pour la projection et qui sont destinés à la fois à projeter sur un écran, pour les démonstrations, ou sur la plaque photographique, l'image donnée par l'objectif.

Ils sont constitués (*fig. 66*) par une lentille collectrice et un système projecteur corrigé avec le même soin que les objectifs apochromatiques, surtout au point de vue des aberrations chromatiques secondaires et des différences de foyer entre les rayons chimiques et les rayons optiques. Entre la lentille collectrice et le système projecteur se trouve un diaphragme destiné à limiter le champ de l'image. Le système projecteur peut se rapprocher plus ou moins de ce diaphragme. Le couvercle de l'oculaire à projection fait lui-même office de diaphragme et arrête complètement les rayons réfléchis par la paroi intérieure du tube. L'ouverture de ce diaphragme correspond à la plus grande ouverture des objectifs apochromatiques.

La correction des oculaires à projection est faite comme celle des oculaires compensateurs, et ils peuvent être employés aussi bien avec les objectifs apochromatiques qu'avec les objectifs ordinaires à grand angle d'ouverture.

Quelle que soit la distance entre l'oculaire et le plan sur lequel l'image est projetée, l'amplification de l'image se calcule en divisant cette distance, exprimée en millimètres, par la distance focale de l'objectif et en multipliant le quotient trouvé par le numéro de l'oculaire employé. Ainsi, par exemple, l'objectif de 3,0 millimètres de distance focale donne avec l'oculaire à projection n° 2 une image amplifiée mille fois quand la distance de l'écran est de 0^m150 $\left(\dfrac{1,500}{3} \times 2 = 1,000\right)$.

Accessoires.

Les projections ordinaires se font toujours de même façon, et un passe-vue sert à mettre en place les différentes épreuves transparentes, celles-ci étant toujours du même format. Le passe-vue seul peut être modifié de diverses façons pour rendre plus rapide ou plus facile le changement de vue. Il n'en est pas de même dans le cas des projections appliquées aux démonstrations scientifiques; et ici, au contraire, les accessoires ont une véritable importance, souvent même c'est l'accessoire qui est l'objet principal.

Nous examinerons seulement certains appareils qui servent dans maintes circonstances : les cuves à réaction, par exemple, et nous décrirons les accessoires spéciaux en leur lieu et place lorsque nous étudierons les applications de la lanterne à la physique, à la chimie, etc., etc.

1. *Cuves à réactions.* — Une infinité de réactions chimiques et bon nombre de phénomènes physiques ne peuvent se produire que dans des liquides ; ceux-ci doivent donc être contenus dans des récipients transparents, de façon à laisser passer le faisceau lumineux et de formes telles qu'ils puissent se placer dans l'appareil à projections.

Les cuvettes horizontales ne peuvent s'employer qu'avec les supports à réflexion totale ; elles peuvent être rondes ou carrées. On utilisera comme cuvettes rondes les bacs à dissection des anatomistes ; on en trouve de tous diamètres chez les fournisseurs de verrerie pour la chimie. Il faut seulement choisir parmi ces cuvettes celles qui ont un fond bien plat et sans défauts. Aujourd'hui, les verriers savent éviter ces défauts de gondolage du fond des cuvettes, qui étaient autrefois une règle générale, et le verre est d'une transparence et d'une homogénéité très suffisantes.

L'on peut prendre comme cuvettes transparentes les cuvettes en verre pour photographies. Il en existe deux sortes : les unes sont moulées et d'une seule pièce, les autres sont à cadre de bois. Parmi les premières, il faudra tout d'abord éliminer celles à fond cannelé qui fausseraient toutes les images, et ne se servir que de celles à fond uni. Mais ici, plus que dans le cas des cuvettes rondes, il faut apporter un soin minutieux dans leur choix : les fonds sont trop souvent gondolés ; cependant, on peut presque toujours trouver quelques cuvettes excellentes.

Tout au contraire, il est très facile de rencontrer une cuvette à fond régulier dans celle à cadre en bois. Ce modèle, très employé autrefois en photographie, est assez rare aujourd'hui ; aussi donnerons-nous le moyen de faire de toutes pièces une cuvette à fond de verre.

On commence par faire un cadre en bois dur aux dimensions voulues et en donnant une épaisseur suffisante au bois (environ un centimètre); on rapporte sur un des bords intérieurs une petite languette de 6 à 7 millimètres de côté ; on fixe cette languette formant épaulement avec de très petites pointes ; on coupe ensuite un verre choisi sans défauts et bien plat à la dimension intérieure de la cuvette. Il s'agit maintenant de fixer le verre en place et d'imperméabiliser le cadre de bois. Le mieux est d'employer pour cette opération la glue marine, mélange de caoutchouc et de gomme laque, que l'on trouve toute préparée chez les marchands de produits chimiques. On fait fondre sur un feu doux et dans une casserole en fer battu la quantité de glue marine nécessaire, et pendant ce temps on chauffe fortement le cadre en bois et le verre, de façon à éviter un refroidissement trop rapide qui empêcherait le collage de se faire convenablement.

Le tout étant prêt, on verse rapidement la glue fondue dans l'angle formé par l'épaulement intérieur et on applique aussitôt le verre en appuyant fortement, de façon à faire porter bien exactement le verre sur l'épaulement. On met un poids sur le verre et on laisse refroidir. On égalise ensuite avec une lame de fer chauffée toutes les bavures; à l'extérieur, on les unit de façon à faire une sorte de rebord sur l'angle du cadre; à l'intérieur, on cherche à bien boucher tout l'espace qui pourrait rester entre les bords du verre et le cadre de bois. On gratte et on enlève avec soin toutes les bavures.

Pour rendre imperméable le bois du cadre, on l'enduit de plusieurs couches d'un vernis composé de glue marine dissoute dans l'alcool méthylique : l'on obtient ainsi des cuvettes excellentes faciles à nettoyer et auxquelles il est simple de donner des dimensions variées et convenablement appropriées au but que l'on se propose d'atteindre.

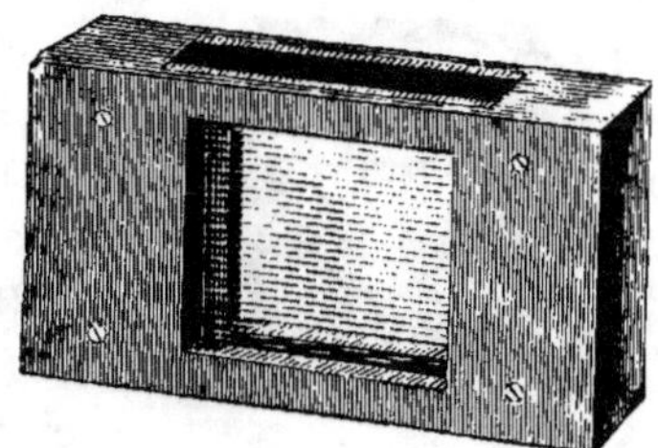

Fig. 67.

Les cuvettes verticales sont souvent nécessaires et celles-ci peuvent s'employer dans des lanternes ordinaires; elles se mettent au lieu et place du passe-vue, tout contre le condensateur.

La cuvette verticale la plus simple se compose d'une planchette percée en son milieu d'une ouverture circulaire ou rectangulaire et sur les faces de laquelle sont collées deux feuilles de verre; le tout ne dépasse pas la dimension d'un châssis passe-vues. D'autres fois (*fig. 67*), toutes les parties de la cuvette sont en verre et la planchette de bois est remplacée par des lames de glace; le tout est collé à la glue marine. Certaines expériences nécessitent l'emploi d'un bain d'alcool et celui-ci attaquerait le vernis à la glue marine; il faut alors faire le collage avec de la colle-forte ou avec du silicate de potasse.

Ces cuvettes sont fort étroites et leur nettoyage est souvent fort difficile; aussi M. Molteni a-t-il cherché à établir un modèle pouvant se démonter facilement et permettant de procéder à un nettoyage complet, condition nécessaire souvent lorsqu'il s'agit de produire des réactions délicates. Celle-ci se compose de deux glaces maintenues écartées par une bande de caoutchouc épais, taillé en forme d'U; le tout est serré entre deux coulants en métal qui forment en même temps le pied de l'appareil. Ces coulants portent à leur partie inférieure des bornes de prise de courant et, à la partie supérieure, des pinces entre lesquelles on insère les différents accessoires qui peuvent être nécessaires dans certaines expériences. La figure 68 montre le dispositif employé pour l'électrolyse de l'eau.

MM. Clément et Gilmer, de leur côté, construisent une cuve de ce genre appelée *cuve laboratoire* et qui est basée sur les mêmes principes.

Fig. 68.

Deux lames de verre séparées par une feuille épaisse de caoutchouc taillée en U sont serrées par des vis de pression entre deux platines en cuivre; cette cuve repose sur un socle en bois portant deux colonnes de cuivre et pouvant, grâce à des bornes fixées à leur base, être mises en communication avec les pôles d'une pile, ce qui permet d'obtenir facilement les réactions chimiques et électriques voulues.

Quel que soit le genre de cuvette à employer, il est de toute nécessité de leur faire subir un nettoyage complet, surtout lorsqu'il faut obtenir des réactions un peu sensibles que la moindre impureté viendrait arrêter ou transformer.

Les cuvettes moulées en verre se nettoyent facilement en leur faisant subir l'action d'un bain d'acide azotique, suivi d'un lavage abondant à l'eau. L'on peut également faire usage d'une dissolution de bichromate de potasse additionnée d'acide sulfurique.

Les cuvettes démontables peuvent se traiter de même. Mais si les verres se nettoyent facilement, il n'en est pas toujours de même du caoutchouc, où il faut employer une brosse un peu rude, et il est souvent difficile d'arracher certains dépôts qui se forment sur le caoutchouc.

Il est nécessaire quelquefois de changer le liquide contenu dans une cuve sans l'enlever de la lanterne. Le système le plus simple est de faire usage d'un siphon. Celui-ci peut être simplement un tube de caoutchouc. On le remplit de liquide, les deux bouts étant tournés en haut, on pince fortement les deux extrémités et on plonge l'une d'elles dans le liquide de la cuve; on rend libre l'ouverture du tube, puis on agit de même sur l'autre extrémité, qui doit se trouver en contre-bas de la cuve.

L'on trouve également des siphons de verre qui rendent cette manœuvre encore plus facile.

CHAPITRE II.

APPAREILS D'ÉCLAIRAGE.

Les projections scientifiques nécessitent toutes un éclairage intensif et il faut mettre résolument de côté l'ennuyeuse lampe à pétrole.

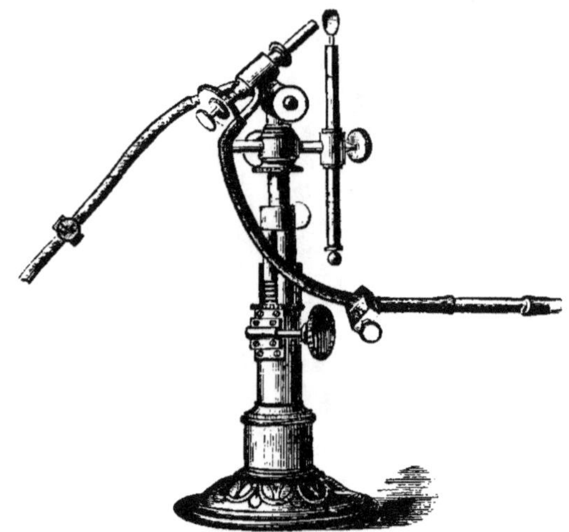

Fig. 69.

Les différents systèmes à incandescence peuvent donner des résultats suffisants pour les projections macroscopiques, et là nous n'avons rien à ajouter aux indications déjà données dans le tome I, p. 89.

Tout au contraire, la lumière oxydrique donne dans tous les cas de bons résultats, et pour les projections microscopiques elle est excellente, car le point lumineux étant extrêmement restreint, la netteté des images est aussi complète que possible.

Nous avons déjà décrit (t. I, p. 91) les différents systèmes proposés et nous ajouterons ici deux modèles tout particulièrement applicables aux projections microscopiques.

Chalumeau à thorium de Linneman (fig. 69, 70 et 71). — Un support en fonte contient une tige mobile actionnée par une crémaillère; à l'extrémité supérieure est fixé le chalumeau, mobile lui-même sur une genouillère; en avant, une tige mobile également, suivant deux directions perpendiculaires, supporte la lentille de thorium. Le chalumeau reçoit le courant d'hydrogène par un tube spécial et l'oxygène par un autre. Le débit de l'hydrogène se règle tout d'abord : par une pince dans laquelle passe le tube de caoutchouc, puis par le bouton moleté C. L'oxygène qui vient dans le bec par le canal central D se règle au moyen du bouton moleté d.

Suivant la plus ou moins grande quantité d'oxygène, la flamme s'allonge et devient plus ou moins chaude. La figure 71 montre les différents aspects de la flamme suivant que l'oxygène est fourni en plus grande quantité. Le centre obscur de la flamme est tout d'abord allongé,

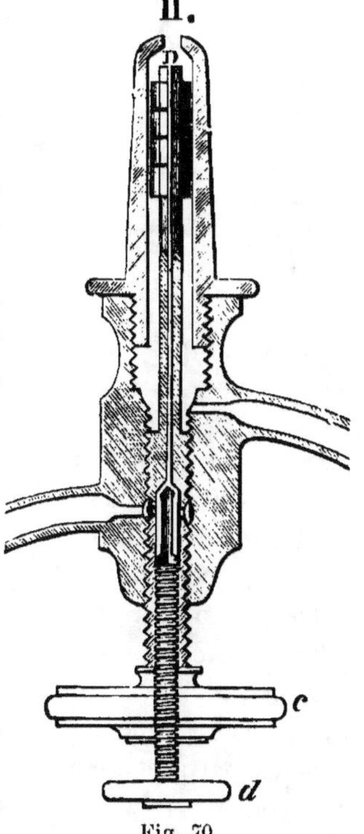

Fig. 70.

étroit (a); il s'élargit bientôt lorsque l'oxygène afflue en plus grande abondance et s'étrangle (b) à la base grâce au collet que porte l'extrémité du tube du chalumeau. Enfin, lorsque l'oxygène est au maximum, le centre obscur ($4c$) descend jusqu'à la base de la flamme. En suivant avec attention cette action sur la pastille du thorium, il est facile de trouver le point où l'incandescence atteint son maximum. On règle donc tout d'abord la flamme, puis l'on cherche le point précis où l'échauffement est le plus considérable en faisant mouvoir le disque de thorium. Le réglage de ce chalumeau au thorium peut sembler tout d'abord un peu compliqué, mais il se fait très rapidement. Il ne faut pas cependant se contenter d'un à peu près, car l'intensité lumineuse de la lentille incandescente de thorium peut varier du simple au double suivant le réglage : 1º de la quantité d'oxygène, 2º de la position occupée par le disque dans la flamme.

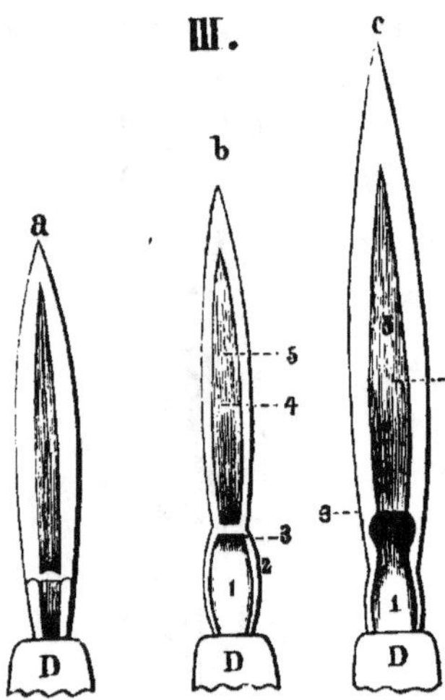

Fig. 71.

Le point lumineux ainsi obtenu est de dimensions fort réduites, ce qui est une condition essentielle pour obtenir une netteté d'image considérable.

Lanterne de M. le Dr Roux, construite par M. Pellin (*fig. 72*).

La pièce principale consiste en un chalumeau vertical à gaz oxydrique formé de deux tubes concentriques ; au centre se place une petite sphère de magnésie A que la flamme entoure de toutes parts et qu'elle porte à l'incandescence.

Cette sphère de magnésie est placée au centre d'une lanterne D, portant un miroir F qui permet d'utiliser la lumière émise par la partie postérieure de la sphère ; un condensateur E permet de concentrer la lumière sur l'objet à projeter (préparation microscopique) ; deux

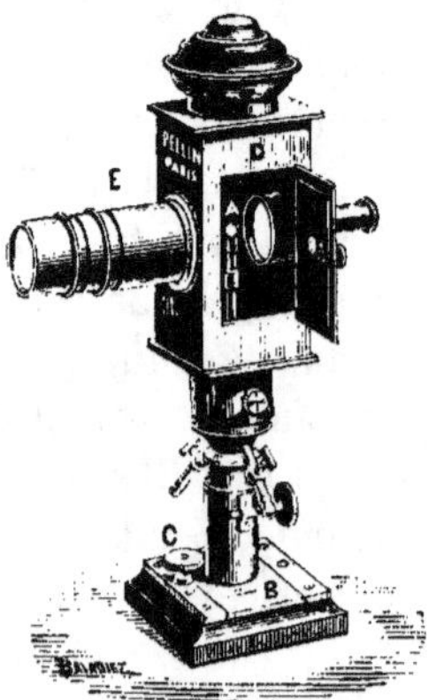

Fig. 72.

mouvements, l'un vertical, au moyen d'une crémaillère et d'un pignon B, l'autre à déplacement horizontal, au moyen de la crémaillère et du pignon C, permettent de centrer le point lumineux.

Mais, la plupart du temps, il est indispensable d'avoir recours à la lumière électrique, et la lampe à arc est pour ainsi dire indispensable.

Dans ces derniers temps, l'on a modifié très heureusement la disposition de la lampe à arc destinée à éclairer la lanterne à projection. Au lieu de maintenir les deux charbons dans une direction verticale, on les a inclinés suivant un angle d'environ 40°. Quand les charbons sont placés verticalement l'un au-dessus de l'autre, la lumière du cratère positif, qui est la plus intense, se dirige ordinairement vers le bas, les lampes étant toujours pla-

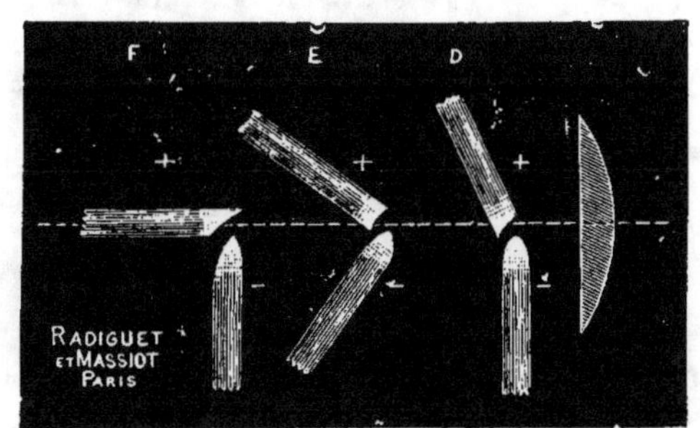

Fig. 73.

cées à une certaine hauteur, et elle est par conséquent perdue en grande partie pour la projection; tandis que si l'on place les charbons obliquement, une partie bien plus considérable de la lumière prend la direction de l'axe de l'appareil. Avec le même nombre d'ampères, les lampes à charbons obliques envoient par conséquent une quantité notablement plus grande de lumière dans l'appareil à projection que les lampes à charbons verticaux.

La figure 73 représente les différentes positions que l'on peut donner aux charbons. Dans la figure A, les deux charbons sont au-dessus l'un de l'autre; c'est la position convenable pour l'éclairage vertical, éclairage public (*fig. 74*). Dans les autres figures, le charbon positif, qui doit donner naissance au cratère, est légèrement en retrait sur le charbon négatif.

La disposition F est principalement destinée aux projec
tions microscopiques, et MM. Radiguet et Massiot ont combiné

Fig. 74.

à cet effet un modèle spécial que représente la figure 75.
Dans celle-ci, le charbon positif placé dans une position à peu

Fig. 75.

près horizontale fonctionne comme réflecteur, arrête toute la lumière pouvant s'échapper derrière la lanterne et la renvoie vers le système optique.

Pour faciliter la formation du cratère, il est bon d'employer pour le positif un charbon à mèche et un charbon homogène plus petit pour le pôle négatif.

Dans la lampe de M. Pellin (*fig.* 76), dans laquelle les charbons inclinés se rapprochent à la main, l'un des boutons horizontaux fait avancer simultanément les deux charbons dans le rapport de 1 à 2 ; l'autre n'agit que sur celui du bas, qui est le négatif, et permet de centrer le point lumineux.

Un troisième bouton placé au-dessus de l'appareil électrique permet de faire varier en marche la position respective des deux charbons et de démasquer le cra

Fig. 76.

tère du charbon positif qui est en haut, de manière à obtenir le maximum de lumière.

La lampe de Schuckert (*fig.* 77), très employée en Allemagne, est construite sur ce même principe, mais elle permet en plus de faire varier l'inclinaison des charbons. Dans certains cas, les charbons doivent être ramenés à la position verticale, dans la spectroscopie par exemple ; on défait alors la vis K et on ramène la lampe à la position voulue. Dans ce cas, on couvrira la grande ouverture derrière la lampe avec le couvercle en tôle portant la cheminée (ce couvercle est fixé par deux vis moletées).

Les deux grandes vis de rappel S^v et S^{vi} servent au centrage du point lumineux. En agissant sur S^{vi} on l'élève ou on l'abaisse; en agissant sur les deux boutons S" qui se trouvent des deux côtés de la cage, on déplace latéralement la source lumineuse.

Dans ces lampes, le rapprochement se fait tantôt automatiquement, tantôt à la main. Le plus ordinairement, c'est au second système que l'on a recours.

Le réglage à la main est du reste très suffisant, car il ne faut rapprocher les charbons que de temps en temps, toutes les cinq ou dix minutes, suivant l'intensité du courant, à la condition que le diamètre des charbons soit proportionné à l'intensité du courant.

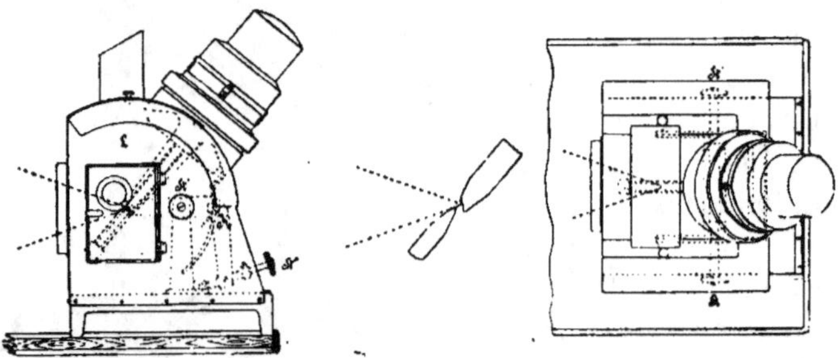

Fig. 77.

L'on sait que dans un arc électrique, lorsque les deux charbons ont le même diamètre, l'usure du positif est double de l'usure du négatif; aussi, dans les régulateurs ordinaires, il est nécessaire, pour que le point lumineux reste fixe, que la marche des charbons soit inégale, et cela dans le rapport de 1 à 2. Aujourd'hui, l'on se contente de donner la même marche aux deux charbons; mais leurs diamètres sont inégaux, le positif brûlant deux fois plus vite que le négatif est sensiblement deux fois plus gros.

Voici quel doit être le diamètre des charbons suivant le nombre des ampères employés (en supposant les deux charbons semblables) :

10 ampères	....	9 millimètres.
15 —	....	10 —
20 —	....	12 —
30 —	....	15 —
50 —	....	18 —

Pour les courants intermédiaires, les diamètres seront proportionnés aux chiffres que nous venons de donner.

Dans le cas de charbons inégaux, le positif devra avoir une section double de celle du négatif.

Suivant le but que l'on se propose, on modifiera l'intensité du foyer lumineux. Pour la microprojection, une lampe de 20 ampères sera largement suffisante. Dans ce cas, l'éclat spécifique du cratère seul entre en ligne de compte, et cet éclat est à peu près le même quelle que soit l'intensité du courant. Si l'on veut éclairer des diapositifs par transparence, la même lampe suffira dans les salles de grandeur moyenne; si l'on opère dans de grands amphithéâtres, on prendra une lampe de 30 ampères.

Pour les projections épiscopiques (par réflexion), il y aura toujours avantage à prendre une lampe à courant aussi intense que possible, car pour cette sorte de projection l'éclairement est proportionnel à l'intensité lumineuse totale du foyer, et cette intensité croît plus vite avec le nombre d'ampères qui traversent la lampe.

Ainsi, un courant de   5 ampères donne   50 carcels,

8	—	100 —
10	—	200 —
25	—	350 —
50	—	1,000 —

D'une manière générale, une lampe de 20 ampères suffit pour éclairer en lumière incidente (par réflexion) un cercle de $0,100^m$, une lampe de 30 ampères un cercle de $0,100^m$, et une lampe de 50 ampères un cercle de $0,200^m$.

Dans tout ceci nous avons supposé l'emploi d'un courant continu, et c'est là de beaucoup le système le meilleur, celui qui donne le plus de régularité au foyer lumineux, celui qui permet la formation d'un cratère qui augmente encore la somme totale de lumière.

Les courants alternatifs donnent de moins bons résultats. Dans ceux-ci, l'usure des deux charbons est égale; ils doivent être alors de même diamètre, il n'y a pas formation de cratère, car chacun des charbons est alternativement positif et négatif, d'où intensité totale inférieure ; enfin, les courants alternatifs ont le défaut de produire un bruit désagréable.

L'on peut, il est vrai, transformer un courant alternatif en courant continu, mais les transformateurs nécessaires en ce cas sont toujours d'un prix élevé et d'une manœuvre délicate.

Nous ajouterons enfin qu'une lampe de 20 ampères demande 55 volts, et que la distribution des réseaux urbains est ordinairement de 110 volts.

DEUXIÈME PARTIE

APPLICATIONS A L'HISTOIRE NATURELLE

PROJECTIONS APPLIQUÉES A L'HISTOIRE NATURELLE

Les sujets tirés de l'étude de l'histoire naturelle applicables aux projections sont des plus nombreux ; mais la plupart doivent être d'abord photographiés, et la projection de ces épreuves rentre dans la catégorie des projections ordinaires.

Nous renverrons donc au tome premier, dans lequel on trouvera à ce sujet tous les renseignements nécessaires. Enfin, nous rappellerons que nous avons déjà décrit en détail toutes les précautions à prendre pour la photographie des objets d'histoire naturelle, et nous renverrons au volume déjà publié [1].

Certains objets de petite dimension, coquilles, insectes, peuvent être projetés directement, et le meilleur instrument dans ce cas est l'appareil de Zeiss que nous représentons de nouveau (*fig. 78*).

Il suffira de déposer l'objet à projeter sur la tablette I, en ayant le soin de choisir comme fond une couleur qui fasse bien ressortir l'objet à examiner. Une coquille blanche se placera sur un fond noir, noir mat de préférence, tel que celui

---

1. E. Trutat, *la Photographie appliquée à l'histoire naturelle ;* chez Gauthier-Villars.

que donne le papier velouté; au contraire, un objet foncé fera plus d'effet s'il est placé sur un fond clair ou mieux gris.

L'objectif sera tantôt un objectif à projection ordinaire, tantôt, au contraire, un objectif de microscope; et comme la plupart du temps l'amplification nécessaire ne sera pas considérable, on emploiera de préférence les planars qui donnent à la fois une grande lumière et une excellente netteté. Nous avons déjà indiqué (p. 95) quelles étaient les intensités lumineuses nécessaires pour les objets de 10 à 20 centimètres de diamètre. .

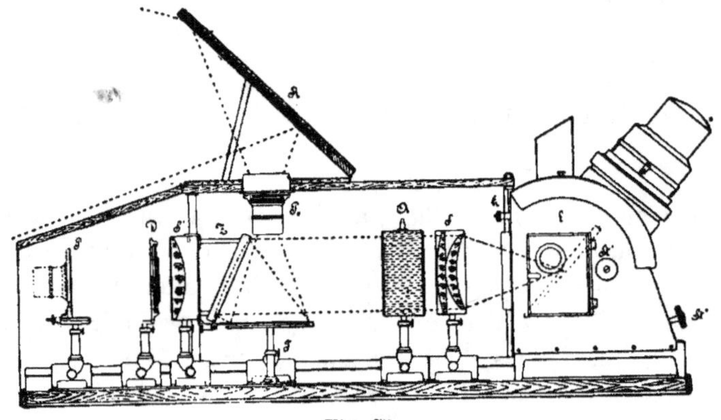

Fig. 78.

L'on peut avoir encore à projeter des images d'animaux en mouvement, et après avoir fait passer sous les yeux de l'auditoire des séries de vues décomposant le mouvement, il est également utile de reconstituer ce même mouvement au moyen du cinématographe.

Dans le premier cas, on tire des positives sur pellicules transparentes, en utilisant pour cela des négatifs faits avec l'appareil de M. Marey[1], et après les avoir découpées aux longueurs voulues, on colle les unes après les autres sur des bandes de verre que l'on fera ensuite passer dans la lanterne.

Pour le cinématographe, il y aura lieu de faire des clichés

1. Voir t. I, p. 260.

spéciaux, dans lesquels on répétera plusieurs fois les mêmes mouvements, le cheval au pas par exemple. Pour cela faire, on repérera bien exactement une longueur de piste de 3 ou 4 mètres, et l'on mettra l'appareil à la distance voulue pour que le cheval étudié soit compris dans l'épreuve depuis son entrée

dans la piste jusqu'à sa sortie; on fera une première épreuve en mettant en marche le cinématographe un peu avant l'entrée du cheval dans la piste et l'arrêtant un peu après sa sortie de la susdite piste; le cheval est alors ramené au point de départ, le cinématographe arrêté, et l'on recommence ainsi la même manœuvre, de façon à avoir une série d'épreuves identiques sur la même bande. On pourrait également se contenter d'une série, que l'on multiplierait par tirage, quitte à coller bout à bout les séries d'épreuves ainsi obtenues.

Quant au cinématographe à employer, l'on pourra choisir parmi ceux que nous avons décrits dans notre *Traité de*

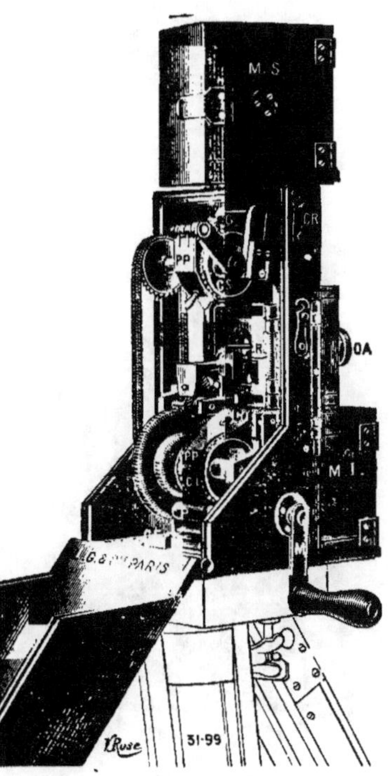

Fig. 79.

la photographie animée[1], ou mieux encore utiliser le dernier modèle perfectionné par M. Gaumont et que représentent les figures 79-80, et dont nous croyons utile de donner la description, car les perfectionnements qui ont été apportés à ce modèle le rendent de beaucoup supérieur à tout ce qui avait été fait jusqu'à présent.

1. E. Trutat, *la Photographie animée,* avec une préface de M. Moret: chez Gauthier-Villars.

L'instrument se présente sous forme d'une boîte rectangulaire, dont l'une des grandes faces supporte l'objectif OA, et dont la face opposée peut s'ouvrir, en laissant à nu les organes intérieurs.

Ces organes peuvent se décomposer ainsi :

1° Le couloir; 2° le mécanisme d'entraînement de la pellicule; 3° l'obturateur.

1° *Couloir.*

La platine servant de support à toutes les pièces de l'appareil est munie, à la partie supérieure, de deux pièces entre lesquelles la pellicule est guidée dans le sens de sa largeur. Un volet V, pressé par un ressort R et garni de velours, applique la pellicule contre la platine également garnie de velours.

La platine et le volet sont percés d'une ouverture rectangulaire correspondant à la dimension des images dans le sens de la largeur, mais un peu plus grande dans le sens de la hauteur.

Fig. 80.

Une petite fenêtre F en acier bleui, ayant exactement la hauteur des images, permet, en la déplaçant dans le sens de la verticale, de faire coïncider son ouverture avec l'image pelliculaire pour la projection.

2° *Mécanisme d'entraînement de la pellicule.*

Le mécanisme est composé de deux cylindres dentés CS, CI,

dont les dents pénètrent, au fur et à mesure de leur passage, dans les perforations de la pellicule.

Des compresseurs PP, garnis de velours, maintiennent en contact la pellicule avec les cylindres dentés.

Le cylindre inférieur est fixé sur un axe garni de deux roues dentées dont la plus petite reçoit le mouvement de rotation par l'intermédiaire d'une roue identique fixée sur l'axe de la manivelle M.

La plus grande transmet le mouvement à deux axes, l'un sur lequel est un petit volant communiquant lui-même le mouvement au disque obturateur DO, et l'autre à une pièce de forme spéciale C, dite came, dont nous allons voir le rôle.

Ce cylindre denté CD tournant d'une façon continue, si la pellicule en sortant du couloir passait directement dessus, elle n'aurait pas devant la fenêtre le temps d'arrêt nécessaire pour la projection.

Ce résultat est obtenu en faisant réfléchir la pellicule sortant du couloir sur cette came C excentrée et tournant à une vitesse d'un tour par image.

Cette came, dans son mouvement de rotation, augmente et diminue successivement la longueur du circuit de la pellicule comprise entre le couloir et le cylindre denté ; sa forme et ses dimensions étant calculées de façon que la diminution de cette longueur corresponde à celle entraînée par le cylindre, il en résulte dans le couloir un temps d'arrêt d'une durée égale à celle de la diminution du circuit.

La came a été construite de façon que le temps d'arrêt de la pellicule soit environ le double du temps de marche, et sa forme telle que la traction qu'elle exerce sur toute la largeur de la pellicule soit progressive, afin d'éviter tout choc.

Le cylindre supérieur, dont la fonction est de dérouler la pellicule pour qu'elle se présente régulièrement au couloir, est actionné par une chaine mue par l'arbre de la came ; au-dessous de ce cylindre se trouve un galet qui guide et force la perforation de la pellicule à s'engager dans les dents du cylindre. Il est nécessaire de laisser toujours entre le cylindre su périeur et le couloir de la fenêtre une boucle de quatre ou cinq images, afin d'empêcher que la came, n'ayant pas une quantité suffisante de pellicule à tirer, ne force sur la partie engagée sur le cylindre supérieur.

3° *Obturateur*.

L'obturateur est constitué par un disque en carton noir présentant un secteur évidé. Quelquefois, le carton est remplacé par une lame de mica, ce qui permet d'atténuer le scintillement.

Ce disque, placé entre l'objectif OA et la fenêtre du couloir, tourne à raison d'un tour par image, et il est calé de façon à présenter sa partie pleine entre l'objectif OA et la fenêtre pendant le déplacement de la pellicule, le secteur évidé passant devant la projection au moment où elle est dans la période d'arrêt.

Comme on le voit d'après cette courte description, tous les organes sans exception tournent d'une façon continue et dans le même sens; il n'y a donc aucun choc pouvant nuire au bon fonctionnement de l'appareil et à la parfaite conservation des bandes.

Cet appareil emploie des bandes de 35 millimètres avec perforation américaine. Mais M. Gaumont a combiné un instrument plus petit, très variable, et qui peut très bien être utilisé dans le cas qui nous occupe. Il est vrai que les épreuves ne peuvent être projetées à plus de 1 mètre de côté; mais c'est là une dimension très suffisante lorsqu'il s'agit de montrer un animal en mouvement.

Ces images, plus petites, sont infiniment plus commodes à obtenir; elles ont 1 centimètre de large seulement, et l'appareil se tient à la main.

Le *chrono de poche* (*fig. 81* et *82*) automatique se compose de deux parties : le chrono proprement dit et le moteur à mouvement d'horlogerie. Ces deux parties peuvent être séparées ou accouplées facilement. Pour ce faire, présenter la partie cylin-

drique du moteur qui fait saillie devant le logement de l'arbre
de la manivelle. Si les deux pièces ne s'engagent pas facilement

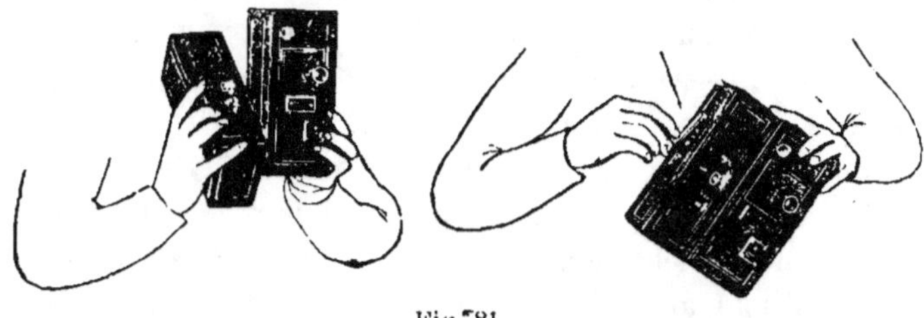

Fig. 81.

l'une dans l'autre, faire pivoter le chrono sur la saillie du moteur jusqu'à l'entrée parfaite. Cette
opération est très simple et se fait
instantanément.

Pour fixer le moteur au chrono,
engager la manivelle dans le logement supérieur du moteur et tourner quelques tours en poussant
pour forcer une vis intérieure à
prendre dans l'écrou du chrono.

Cette même manivelle sert aussi
à remonter le moteur et à faire
fonctionner le chrono seul dans
le cas de la commande à la
main.

L'objectif est monté sur une
planchette à encastrement. Pour
retirer cette planchette, la glisser
de droite à gauche et tirer à soi la
partie qui vient d'être dégagée.

La face opposée à l'objectif
forme un panneau mobile sur bar-
rières pouvant s'ouvrir en soulevant en même temps les deux res-

Fig. 82.

sorts, haut et bas, qui assurent une fermeture automatique.

La porte ayant pivoté sur ses charnières, on a devant soi les organes intérieurs de l'appareil. Ces organes peuvent se décomposer comme suit : le couloir, le mécanisme d'entraînement de la pellicule, l'obturateur, les bobines.

Le *couloir*. — Au-dessous de la broche supérieure destinée à recevoir la bobine portant la bande sensible se trouve le couloir dans lequel doit être engagée la pellicule. Un volet FV, rappelé par un ressort, presse la pellicule dans le couloir. Pour la commodité du chargement, on fait pivoter ce volet sur ses charnières pour amener son bec sous un petit ressort qui le maintient dans la position représentée dans la figure 81.

La platine du couloir et le volet FV sont percés d'une ouverture rectangulaire correspondant aux dimensions des images ; le couloir et le volet sont garnis de velours.

Mécanisme d'entrainement. — Ce mécanisme se compose d'un cylindre denté dont les dents pénètrent dans la perforation centrale de la pellicule. (Dans aucun cas il ne faut toucher à la vis placée à l'extrémité de l'axe de ce cylindre.) Un compresseur C maintient en contact la pellicule avec le cylindre denté.

Le cylindre denté tournant d'une façon continue, si la pellicule, en sortant du couloir, passait directement dessus, elle n'aurait pas, devant la fenêtre, le temps d'arrêt nécessaire pour la prise de vue ou pour la projection. Ce résultat est obtenu en faisant réfléchir la pellicule sortant du couloir sous la came K, excentrée et tournant à une vitesse d'un tour par image. Cette came, dans son mouvement de rotation, augmente et diminue successivement la longueur du circuit de la pellicule comprise entre le couloir et le cylindre denté. Sa forme et ses dimensions étant calculées de façon que la diminution de cette longueur corresponde à celle entraînée par le cylindre, il en résulte, dans le couloir, un temps d'arrêt d'une durée égale à celle de la diminution du circuit.

La came a été construite de façon que le temps d'arrêt de la pellicule soit environ le double du temps de marche, et sa forme est telle que la traction qu'elle exerce sur toute la largeur de la pellicule soit progressive afin d'éviter tout choc.

Obturateur. — L'obturateur est constitué par un disque de carton noir présentant un secteur évidé.

Ce disque, placé entre l'objectif et la fenêtre du couloir, tourne à raison d'un tour par image, et il est calé de façon à présenter sa partie pleine entre l'objectif et la fenêtre pendant le déplacement de la pellicule, le secteur évidé passant devant

Fig. 83.

la pellicule au moment où elle est dans une période d'arrêt.

Le même appareil peut servir à la fois à la confection du négatif, au tirage du positif et à la projection.

La figure 83 montre l'appareil disposé pour la projection, et la figure 84 le détail de la mise en place de la bande positive à projeter. On remarquera que, après sa sortie du couloir et du cylindre denté, la pellicule passe à l'arrière du chrono dans une fente pratiquée dans la console, pour tomber dans un récipient quelconque. Il faut donc placer le socle sur le bord d'une table, de telle façon que la petite console se trouve en dehors.

Avant de mettre le chrono en place, le munir du disque obturateur à grande ouverture, marqué pour la projection, et avoir soin d'enlever le diaphragme à vanne en retirant l'objectif de sa monture.

La projection sera faite de préférence sur une surface blanche opaque placée à 1 ou 2 mètres de l'appareil; mais si on le désire, on pourra faire la projection par transparence sur une toile fine : le calicot commun du commerce convient très bien. Comme largeur d'image, ne pas dépasser 60 centimètres, à moins d'utiliser l'arc électrique.

Ce petit appareil donne de très bons résultats et il a sur son aîné le grand avantage de donner à peu de frais (chaque bande sensible est du prix de 3 francs) des images très suffisantes pour l'étude des mouvements du bras ou de la jambe par exemple.

Pour la projection, le chrono, mu à la main, se place au foyer du condensateur d'une lanterne à projection éclairée fortement; l'électricité est, du reste, nécessaire si l'amplification est un peu forte.

Lorsque l'on fait usage du modèle de 35 millimètres, il est commode quelquefois de faire succéder sans interruption une série de bandes, et la manœuvre nécessitée par chaque changement est alors des plus désagréables; dans ce cas, il vaut mieux souder bout à bout les différentes bandes et faire passer alors toute la série en une fois.

La figure 85, un nouveau modèle pour la projection de ces longues bandes : deux bobines actionnées par une dynamo

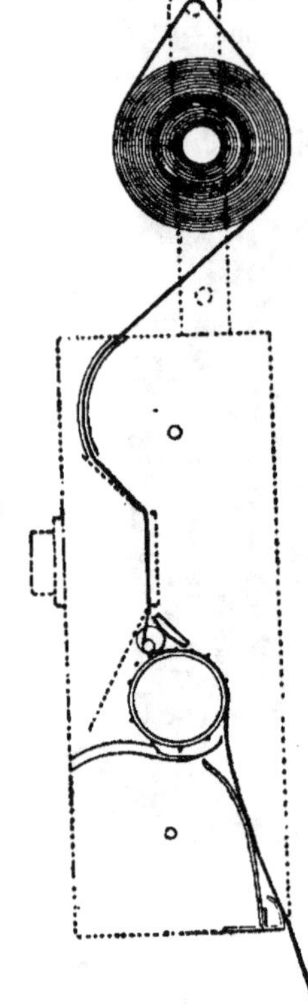

Fig. 84.

permettent de laisser fonctionner l'appareil automatiquement.

Mais c'est surtout le microscope que le naturaliste emploiera pour ses projections. L'on peut user de deux systèmes : pro-

Fig. 85.

jeter les préparations elles-mêmes, ou projeter des photographies donnant déjà un premier agrandissement.

La seconde méthode est la plus employée, la plus commode, car l'on obtient ainsi des amplifications considérables et sans perte de lumière; enfin, les manipulations, la mise au point, par exemple, sont plus faciles et surtout plus rapides que dans le second cas.

Il est assez facile aujourd'hui d'obtenir de bonnes photographies au microscope, les objectifs corrigés pour le foyer chimique ne sont plus chose à peu près introuvables comme autrefois; enfin, il existe un certain nombre d'instruments combinés à cet effet et qui sont faciles à manœuvrer.

Les objets qui ont une certaine dimension, les insectes (de petite taille), les parties d'insectes, les grandes coupes histologiques animales ou végétales se reproduisent très bien à la chambre de Nieser (*fig. 86*)[1] et les objectifs planars de Zeiss n°s 1, 2, 3 et 4 donnent des images parfaites, d'une netteté absolue.

La lumière donnée par la lampe au pétrole qui accompagne l'appareil est d'une intensité suffisante; mais il faut prendre quelques précautions pour lui faire donner son maximum d'effet. La lampe doit être garnie de pétrole rectifié (luciline ou autre du même genre) au moment de s'en servir, et il est bon de toujours vider la lampe après chaque opération. La mèche sera mouchée avec soin, le moindre fil dépassant empêcherait de la monter au point voulu; le verre sera nettoyé avec le plus grand soin; enfin, la lampe allumée est tenue assez baissée tout d'abord et l'on ne monte la mèche que lorsque toutes les parties de la lampe et du réflecteur sont complètement échauffés. Bien conduite, la lampe doit donner, sans fumée, un cylindre de lumière très blanche de 5 ou 6 centimètres de hauteur. Du reste, l'on doit lever la mèche jusqu'au point où la lampe commence à fumer; l'on abaisse alors jusqu'au moment précis où le petit filet de fumée cesse.

L'on peut encore augmenter l'éclat de la flamme en faisant dissoudre dans le pétrole du camphre ou de la naphtaline à raison de 10 grammes par litre.

L'éclairage donnant ainsi son maximum d'intensité, l'on élève la lampe au point voulu de façon à obtenir un champ lumineux et uniforme, et l'on achève cette mise en place en élevant ou abaissant dans sa coulisse la lentille éclairante placée horizontalement à l'extrémité du tube.

---

1. Voir p. 109.

Il ne reste plus qu'à mettre en place la préparation, l'objectif de foyer voulu, et à procéder à la mise au point.

Fig. 86.

C'est là, bien certainement, la chose la plus difficile à obtenir exactement, et c'est là l'écueil le plus ordinaire de tous les photographes qui veulent reproduire des préparations microscopiques.

Avec la chambre de Nieser, cette opération est peut-être plus facile qu'avec tout autre appareil, car la mise au point par réflexion sur une feuille de papier blanc est plus facile que celle sur un verre dépoli. Il faut s'armer de patience et chercher, en faisant monter et descendre très lentement l'objectif, à voir très nettement les détails les plus fins de la préparation; enfin, il est toujours utile de faire plusieurs clichés successifs pour s'assurer de l'exactitude de la mise au point.

Il ne faut pas se faire d'illusion lorsque l'on entreprend de photographier des préparations microscopiques, et il faut dire très nettement qu'il n'est presque pas possible de faire à coup sûr une bonne épreuve; il faut toujours tâtonner pour la mise au point et pour le temps de pose.

Mais lorsque l'on est armé de patience on peut arriver à des résultats excellents, et, dans ce cas, un bon cliché récompense largement de toute la peine prise.

L'appareil de Nieser permet seulement de photographier des objets transparents; pour les objets opaques d'une certaine dimension, l'on peut employer l'appareil que construit à cet effet M. E. Leitz.

Un support mobile reçoit la cuvette dans laquelle est disposée la préparation à photographier. Celle-ci est le plus ordinairement plongée dans l'eau. Au-dessus se place l'objectif de foyer convenable, et la mise au point se fait sur une glace dépolie au moyen d'une loupe. Un support à glissière permet de mettre à la hauteur voulue et l'objectif et le verre dépoli.

M. Pellin construit de son côté un appareil très commode.

Sur un socle lourd, deux supports en fonte se terminent, à la partie supérieure, par deux rails sur lesquels peut glisser l'appareil photographique. De cette façon, l'oculaire du microscope peut être dégagé facilement de façon à permettre la mise en place de la préparation et sa mise au point. Un tube relie le microscope à l'appareil photographique et il porte, à son intérieur, un obturateur; au-dessus, un cône plus large supporte le cadre porte-châssis. La mise au point se fait sur le verre dépoli au moyen d'une loupe.

Pour les grossissements un peu plus forts et qui sont néces-

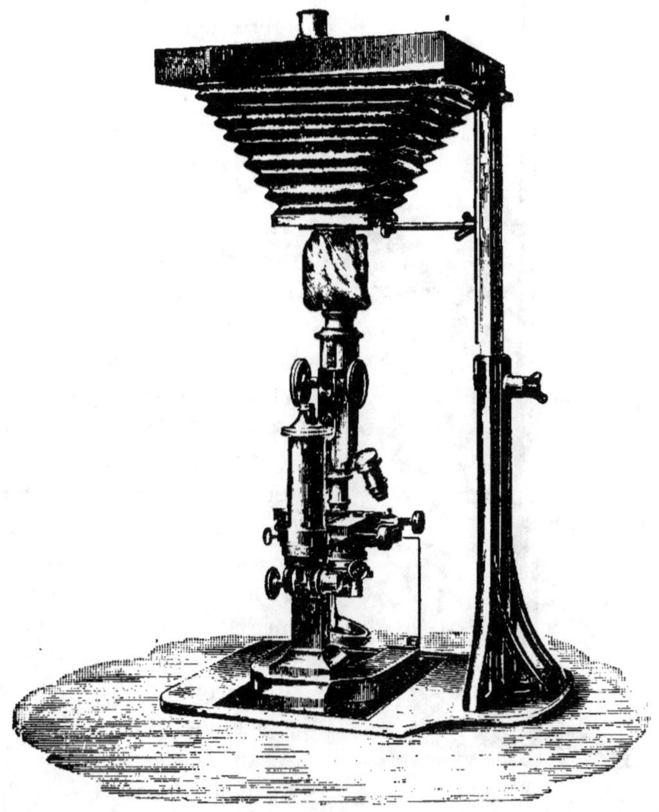

Fig. 87.

saires pour l'étude de la structure des tissus, l'appareil de Nieser devient insuffisant, et il faut de toute nécessité avoir recours à une chambre noire adaptée au microscope ordinaire ou mieux à un microscope spécial.

Nous citerons parmi les modèles récents : l'appareil micro-photographique n° 3 de Leitz (*fig. 87*), construit ainsi : une

monture de fer est solidement fixée sur un plateau de fonte;
un support également en fer, pour la chambre noire, glisse
dans la monture. Il peut se monter et s'abaisser suivant la
hauteur du microscope employé et se fixe dans la position
voulue au moyen d'un écrou. La chambre noire s'allonge et se raccourcit à volonté; elle se fixe également au moyen d'un écrou. Un diaphragme tournant avec cinq ouvertures différentes se trouve dans le col de la chambre et sert à limiter le champ de l'image. Les châssis peuvent recevoir des glaces 9 × 12 et des 13 × 18; mais, contrairement aux châssis photographiques ordinaires, ils ne reçoivent pas d'intermédiaires, et le châssis 9 × 12 porte directement une ouverture de cette dimension. Cette précaution est indispensable pour assurer l'exactitude de la mise au point, car, avec les intermédiaires, il y a toujours un peu de jeu, et la glace sensible peut ne pas se trouver à la même distance que celle du châssis de mise au point avec verre dépoli.

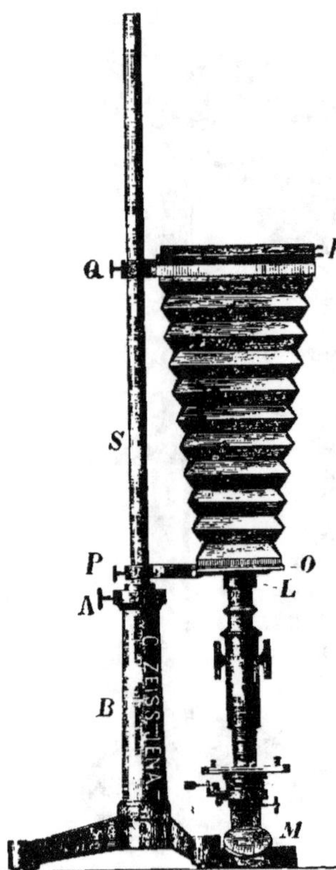

Fig. 88.

Le petit appareil vertical de Zeiss n° 328 (*fig. 88*) est muni d'un soufflet de 75 centimètres de longueur. Chacune de ses extrémités se déplace indépendamment l'une de l'autre à l'aide des bagues P et Q qui glissent le long d'une tige en acier S portant une division en centimètres. Les bagues se fixent dans une position quelconque par des vis de pression. La tige tourne dans la colonne creuse B entraînant avec elle la chambre qui, grâce à cette disposition, se place à volonté au-dessus ou à côté du statif. Le mouvement de la tige s'arrête par la vis A. Dans cette dernière position on peut observer par l'oculaire et mettre en place la préparation.

L'appareil s'installe sur une table bien stable, à côté du microscope (qui reste dans la position verticale); il est centré à l'aide de deux vis calantes; ces vis se trouvent à la base de la colonne creuse B (elles ne sont pas représentées dans la figure).

Ces deux appareils très simples donnent de bons résultats, mais à la condition de ne pas leur demander des grossissements très considérables. Ils sont avantageusement remplacés

Fig. 89.

par le modèle suivant (n° 323) qui peut à la fois servir verticalement et horizontalement (*fig. 89* et *90*).

La base de l'appareil est une lourde plaque triangulaire en fonte F. Cette plaque est reliée par une cheville à ressort au socle P du microscope. Le socle tourne autour de son axe A; en outre, il se déplace en hauteur et s'incline à volonté à l'aide de trois vis calantes *i*. Quand le microscope est dans la position verticale, son axe doit coïncider avec l'axe A du socle.

La position du socle P étant réglée une fois pour toutes, la bonne position du microscope est assurée chaque fois qu'on le remet en place par une butée sur le devant du socle P. Cette butée se fixe à l'aide de deux vis dans deux positions différentes, l'une pour les grands, l'autre pour les petits statifs. Le microscope est retenu en place par un étrier en métal *m* fixé par deux vis.

Le microscope tourne avec son socle autour de l'axe optique ; il peut s'écarter de 90° de part et d'autre de sa position moyenne et est retenu dans ses positions principales par un encliquetage vigoureux.

La planchette d'avant qui porte le manchon destiné à intercepter le faux jour et le cadre contenant les châssis se dépla-

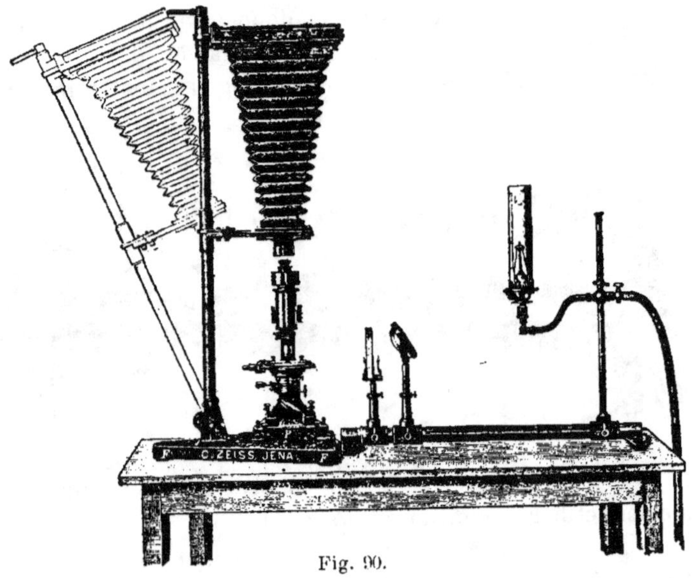

Fig. 90.

cent indépendamment l'un de l'autre à l'aide de douilles glissant sur une tige sur laquelle on les arrête à l'endroit voulu par des vis de pression.

Le soufflet s'ouvre dans la partie contenant les châssis pour permettre d'observer, du côté du microscope, l'image sur la glace dépolie. On peut donner au soufflet une longueur de 90 centimètres dans la position horizontale et une longueur de 70 centimètres dans la position verticale.

La tige sur laquelle glissent les douilles tourne dans un plan vertical autour d'un axe qui repose sur un petit chevalet s'élevant sur la base de l'appareil à côté du microscope. Par ce mouvement on peut amener la chambre de la position horizontale à la position verticale (ou inversement). Une cheville traversant le chevalet fixe la chambre noire dans la position verticale. En plaçant cette cheville dans le trou inférieur (il y en a deux), on peut appuyer la tige sur elle ; la chambre noire prend alors une position inclinée qui permet de faire des observations à l'oculaire.

Dans la position horizontale, la chambre s'appuie sur la table au moyen d'une goupille fixée latéralement au haut de la tige.

A l'aide d'un mécanisme simple on peut fixer, à la base triangulaire I du côté opposé au chevalet, un banc optique *o* pour porter la source lumineuse, un bec Auer par exemple, la lentille convergente S, la cuvette C, le diaphragme iris I.

La chambre noire horizontale ou verticale exige naturellement une table de travail solide et aussi exempte que possible de trépidations.

Enfin, lorsque l'on veut obtenir le maximum de rendement, il faut avoir recours au grand appareil de Zeiss, qui permet d'obtenir les grossissements les plus forts et les images les plus complètes.

ZOOLOGIE. — En zoologie, l'on aura surtout à projeter des coupes de tissus (projection directe horizontale) de petits organismes, soit par transparence, soit par réflexion ; lorsque ceux-ci seront vivants, il faudra user d'appareils verticaux, et il est rare que ces petits organismes résistent longtemps à la vive lumière qui les éclaire.

L'on peut également projeter certains phénomènes biologiques : la circulation du sang, le mouvement des cils vibratiles.

On emploie pour la circulation du sang la membrane d'une patte de grenouille, ou bien son péritoine, et, mieux encore, la queue d'un poisson de très petite taille.

La patte de grenouille se prépare ainsi : on met la grenouille dans un sac de toile assez étroit pour qu'elle y tienne juste et sans pouvoir faire de mouvements ; on laisse passer une patte de derrière. Sur une planchette de liège, assez grande pour recevoir la grenouille ainsi enveloppée, on pratique une ouverture de 1 centimètre de diamètre environ. Après avoir fixé le corps de la grenouille enfermée dans le sac au moyen de ligatures, on étale la patte au-dessus de l'ouverture pratiquée dans la plaque de liège, en la fixant au moyen d'épingles.

Le tout est porté dans une cuvette de dimensions suffisantes et remplie d'eau, mais en quantité tout juste suffisante pour couvrir la membrane d'une très mince couche.

Le péritoine de la grenouille donne des images beaucoup plus brillantes, mais la préparation est un peu plus délicate. On fixe la grenouille sur la planchette de liège perforée, puis, par une incision suffisamment large pratiquée dans le flanc de l'animal, on attire au dehors une anse intestinale; on l'étale sur le liège en la maintenant au moyen d'épingles. Le tout est mis dans la cuvette, recouvert d'eau, et porté sur l'appareil à projection verticale.

Si l'on utilise un petit poisson, il suffit de le fixer sur une planchette et de maintenir la queue au-dessus de l'ouverture au moyen d'épingles.

Cils vibratiles. — L'on peut montrer en projections les mouvements des cils vibratiles épithéliaires, leur accélération ou leur ralentissement sous l'influence de divers agents physiques ou chimiques, en se servant de l'appareil du Dr Calliburcès, construit par M. Pellin.

Botanique. — Les coupes végétales, les très petites plantes, ne demandent pas d'indications spéciales.

Minéralogie. — En minéralogie, on peut avoir à projeter au microscope de petits cristaux, tantôt transparents, tantôt opaques; mais le plus souvent l'on aura recours à la lumière polarisée, et l'on aura à employer des coupes minces. L'appareil de MM. Munier-Chalmas et Bertrand est alors d'un emploi excellent (*fig. 91*).

Cet appareil se compose d'un banc surélevé sur une colonne et un pied à vis calantes; sur ce banc, à la hauteur du faisceau lumineux émanant de la lanterne à projection, sont placés en A un polariseur qu'on peut mettre ou enlever par un mouvement de bascule; en A' on voit le tube dans lequel est placé le Nicol déjeté en dehors; en B est un diaphragme iris en avant du focus; en C, un disque sur lequel sont fixés, au moyen de ressorts compresseurs, les préparations à projeter. Un autre disque C' peut être facilement substitué au premier.

Fig. 91.

Chacun de ces porte-objets peut tourner sur lui-même, et un contrepoids E maintient le disque dans l'azimut déterminé.

En F, un support mobile sur le banc, ayant un mouvement rapide avec crémaillère et pignon G, et un mouvement lent avec la vis micrométrique H, reçoit un revolver porte-objectif qui permet de changer rapidement d'objectif suivant la préparation à projeter.

En K est un diaphragme mobile autour de son centre; il porte cinq ouvertures : une libre, deux avec mica et deux avec teintes sensibles. Ces micas et ces teintes sensibles sont disposés de telle façon que leur axe fait de part et d'autre de la verticale un angle de 45°.

Enfin, en L, un Nicol analyseur, monté comme le polariseur A, peut disparaître du champ et comme lui prendre divers azimuts ; en L', on le voit rejeté sur le côté.

Cet appareil, très complet, d'un maniement facile, a été étudié par M. Léon Bertrand et construit avec tous les soins désirables par M. Pellin. L'on peut avec lui projeter les lames de roches en lumière naturelle, en lumière polarisée, polarisée et analysée, avec ou sans l'emploi des micas et teintes sensibles.

TROISIÈME PARTIE

APPLICATIONS A LA MÉTÉOROLOGIE

La plupart des phénomènes météorologiques doivent se projeter au moyen de vues photographiques : nuages, éclairs, et là il n'y a rien de particulier à signaler.

Mais certains phénomènes peuvent se reproduire artificiellement, et dans ce cas la démonstration la plus complète est donnée par la projection.

Nous citerons quelques exemples de ce genre.

Arc-en-ciel.

Il est assez facile de reproduire sur l'écran le phénomène de l'arc-en-ciel, et moyennant certaines précautions l'effet produit est des plus nets.

Voici comment M. Molteni conduit l'expérience. En avant du condensateur, on dispose une grande feuille de papier blanc percé d'une ouverture centrale, et plus loin, sur le trajet du faisceau lumineux, on place une petite boule de verre remplie d'eau pure ; un petit ballon de chimie de 4 à 5 centimètres de rayon conviendra parfaitement. La lumière se brise sur la boule de verre et se réfléchit sur le cristal en donnant une auréole colorée, qui n'est autre qu'un arc-en-ciel complet ; souvent il est double. On a un premier arc ayant le violet à l'extérieur et un second renversé, c'est-à-dire avec le violet à l'intérieur. L'expérience est des plus intéressantes. Il est bon, pour lui donner toute sa vigueur, de masquer la boule de verre, du côté des spectateurs, par un petit écran, afin d'éviter les rayons transparents qui nuiraient à la pureté de l'expérience.

Le trou percé dans la feuille de bristol doit avoir un diamètre à peu près égal à celui de la boule, et l'expérience réussit d'autant mieux que les rayons issus de la lanterne sont parallèles. Le ballon ne doit pas être disposé à une distance plus grande que le demi-côté de l'écran de bristol, sinon les anneaux se formeraient en dehors de la surface blanche.

Halo.

APPAREIL DE M. CORNU

POUR LA REPRODUCTION DES HALOS.

M. Cornu a cherché un mode expérimental permettant non seulement d'imiter la forme et l'éclat des prismes de glace flottants dans l'atmosphère, mais encore de reproduire le caractère essentiel de leur formation, à savoir l'orientation fortuite des cristaux dans l'atmosphère.

M. Cornu y est parvenu en précipitant une solution aqueuse d'alun, saturée à froid, par de l'alcool faible (alcool à 36° du commerce). A cet effet, il place la solution dans une cuvette plate de 20 millimètres d'épaisseur entre les faces verticales, et en y ajoutant un volume d'alcool égal à 10 ou 15 pour 100 du volume de la solution d'alun et agitant quelques minutes.

La précipitation lente des cristaux microscopiques commence presqu'aussitôt; on les voit bientôt nager au sein du liquide et étinceler comme les lamelles de glaces perçues dans l'atmosphère et décrites par divers observateurs : sur le trajet .du faisceau de lumière produisant l'éclairage d'un disque circulaire destiné à figurer le soleil, pour montrer en projection sur un écran toutes les apparences que présente le ciel dans les conditions où se montrent les halos[1].

M. Pellin construit pour ces démonstrations des cuves à faces parallèles, qui se placent très aisément dans la lanterne à projection.

APPAREIL BRAVAIS

POUR LA REPRODUCTION DES PARHÉLIES ET ANTHÉLIES[2].

Cet appareil se compose :

1° D'un mouvement d'horlogerie faisant tourner un axe vertical ;

2° D'un prisme triangulaire plein, en verre, pouvant se monter sur l'axe vertical de la pièce précédente ;

3° D'un prisme triangulaire creux, en verre, pouvant se monter sur le même axe, et pouvant être rempli d'eau ou de tout autre liquide par sa partie supérieure ;

4° De deux lames opaques, pouvant servir à masquer une ou deux faces latérales des prismes ;

5° D'un prisme quadrangulaire de verre, engagé dans du bois et disposé sur une monture en cuivre qui peut se fixer sur l'axe de rotation ;

6° D'une pièce articulée pouvant se fixer à côté du mouvement d'horlogerie et portant un petit miroir ;

7° D'une lame de verre fixée de champ dans la monture qui la supporte.

Ces différentes pièces, montées comme nous allons l'indiquer pour chaque expérience, seront placées en avant du condensateur de la lanterne, et le faisceau lumineux ainsi employé remplacera la bougie dont il est question dans les descriptions de M. Bravais.

Première expérience. — *Cercle parhélique.* — Avec le prisme de verre. Placez à 2 ou 3 mètres une bougie à même

1. Voir Académie des sciences, 4 mars 1899.
2. Voir *Journal de l'Ecole polytechnique* 31ᵉ cahier, p. 183.

hauteur que le prisme, couvrez deux faces, et faites tourner; en regardant dans une direction horizontale, vous verrez le cercle parhélique.

Masquez seulement une face ; vous verrez en général trois stries horizontales, mais non superposées, deux dues à la réflexion extérieure, une à la réflexion intérieure ; sur cette dernière, remarquez le point où commence la réflexion totale.

Déplacez l'œil, de manière à voir les différentes parties du cercle parhélique, et son passage par le centre lumineux.

DEUXIÈME EXPÉRIENCE. — *Imiter les paranthélies blancs.* — Avec le prisme triangulaire creux. La bougie dans la même position, masquez deux faces. Regardez sur le cercle parhélique à 120° de distance la bougie ; vous y verrez une tache blanche qui est le paranthélie blanc.

TROISIÈME EXPÉRIENCE. — *Imiter les parhélies.* — Avec le prisme de verre ou avec le prisme d'eau. La bougie dans la même position, masquez une face. Regardez à 20° ou 25° de distance de la bougie ; vous verrez le parhélie coloré, rouge du côté de la bougie, et une queue blanche qui se prolonge de 15 à 20° sur le cercle parhélique.

QUATRIÈME EXPÉRIENCE. — *Imiter les paranthélies colorés qui se forment à 98° de l'astre.* — Avec le prisme de verre ou le prisme d'eau, la bougie dans la même position. Masquez deux faces et faites tourner. Regardez sur le cercle parhélique, à 98° environ de la bougie ; vous y verrez une tache colorée, ayant le rouge du côté opposé à la bougie et d'un éclat très inférieur à celui du parhélie.

Nota. — Si l'on a quelque difficulté à retrouver quelques-unes de ces apparitions, il faut donner aux prismes, à la main, un mouvement de rotation lent, et chercher dans quelle direction se forment les images qui restent sensiblement fixes pendant qu'on déplace le prisme.

CINQUIÈME EXPÉRIENCE. — *Imiter l'axe tangent circumzénithal.* — Avec le prisme d'eau. Il faut que le prisme soit bien plein de liquide. La bougie doit être placée au-dessus de la base supérieure du prisme. Il convient que la ligne joignant le centre de cette base au centre de la bougie fasse un angle de 15° à 20° avec l'horizon. L'élévation de la bougie au-dessus du plan de la base doit être environ du tiers de la distance horizontale.

On masque deux faces et l'on applique l'œil, du côté opposé à la bougie, contre la face non masquée, jusqu'à ce qu'on aperçoive sur le plafond de l'appartement une image colorée et allongée de la bougie.

L'œil doit être placé aussi près que possible du prisme; il doit regarder vers le haut, dans une direction très rasante, près de l'arête horizontale supérieure.

Faites tourner, vous apercevrez un arc horizontal à bandes colorées : le violet supérieur, le rouge inférieur; quelquefois vous apercevrez les couleurs doubles. Le deuxième arc est produit par des réflexions intérieures. Pour l'éviter, couvrez avec un papier noir fixé par un peu de cire la partie inférieure du rectangle de la face découverte, de manière à ne laisser démasquer qu'une lisière horizontale de quelques millimètres de hauteur; vous verrez l'arc circumzénithal dans toute sa pureté.

Avec la lanterne à projection, on relèvera le faisceau donné par le condensateur, de manière à faire passer son axe de quelques centimètres au-dessus de la base supérieure du prisme; puis, à 2 décimètres en avant du prisme, on placera un second prisme à réflexion totale monté de manière à pouvoir tourner autour d'un axe parallèle aux arêtes. L'arête de l'angle droit étant dirigée ver le bas et la face hypothénuse inclinée d'environ 10° à l'horizon, celle-ci renverra par une réflexion totale à l'intérieur les rayons lumineux dans une direction convenable pour produire l'arc tangent circumzénithal.

SIXIÈME EXPÉRIENCE. — *Imiter l'arc circumhorizontal.* — Même disposition que dans le cas précédent; mais placez la bougie par terre, de manière à ce que la ligne qui joint le centre de la bougie au milieu de l'arête horizontale libre fasse un angle d'environ 20° avec la verticale.

Appliquez votre œil un peu au-dessus du plan de la base supérieure, du côté opposé à la bougie, jusqu'à ce que vous aperceviez son image relevée et paraissant abaissée de 20° au-dessous du plan de l'horizon. Faites tourner le prisme; vous verrez l'axe circumhorizontal, seulement il sera vu au-dessous du plan de l'horizon d'une quantité angulaire égale à celle dont il paraît élevé au-dessus de ce plan, lorsqu'il se présente comme phénomène naturel.

Septième expérience. — *Imiter l'anthélie.* — Placez le prisme quadrangulaire sur le mouvement d'horlogerie, sa large base transparente regardant l'observateur, la bougie en B à 2 ou 3 mètres de distance et un peu élevée au-dessus de la face supérieure du prisme; disposez un petit miroir circulaire de manière que son centre soit à la même hauteur que l'arête supérieure du prisme et à 4 centimètres environ en arrière de l'arête du prisme du côté opposé à la bougie, son plan vertical dirigé de la droite à la gauche.

L'œil, étant en arrière du miroir, verra un rond lumineux se dessiner sous l'arête du prisme; ce rond sera surtout visible si l'on glisse quelques instants un petit papier blanc au-dessous du prisme. L'œil étant ensuite immédiatement sous le miroir verra :

1° Une image qui est due à la réflexion sur la face du prisme et qui se déplace horizontalement lorsque le prisme vient à tourner; 2° une image plus faible, qui reste fixe pendant la rotation. C'est surtout dans la partie du prisme la plus voisine de l'arête longitudinale qui sépare la face du prisme qui lui est contiguë que l'on doit chercher à retrouver cette image, qui est celle qui, dans la nature, produit l'anthélie.

Quelquefois l'image est double et paraît composée de deux parties situées l'une à droite, l'autre à gauche. Cela provient de ce que l'angle dièdre central n'est pas exactement réglé à 90°; alors cet angle devra être retouché par le constructeur. En général, l'écartement angulaire des deux images, lorsque l'incidence est presque normale, est sextuple du défaut de perpendicularité des deux faces de l'angle dièdre.

Pour avoir une image fixe bien nette, il est indispensable, en outre, de régler les trois vis calantes du porteur de prisme, de manière à ce que l'arête de l'angle dièdre central soit bien parallèle à l'axe de rotation. Si ce parallélisme n'a pas été bien établi, on le reconnaîtra à ce qu'en faisant mouvoir lentement le prisme, depuis la composition correspondant à l'incidence normale jusqu'à la position correspondant à l'incidence rasante, l'image de l'anthélie se déplacera sensiblement.

La courbe décrite par l'image est toujours le quart de la circonférence d'une certaine ellipse fort allongée dans le sens vertical.

Pour savoir dans quel sens doit être redressé l'axe, suivez le mouvement elliptique de l'image depuis la position d'incidence normale jusqu'à celle d'incidence rasante, et au moyen de l'arc observé, tracez sur un papier une ellipse allongée dans le sens vertical et dont le contour soit le quadruple de l'arc observé.

Marquez sur cette ellipse le point qui sert de départ à l'arc observé et qui donne la position de l'image correspondant à l'incidence normale. Si ce point est dans la moitié supérieure de l'ellipse, le haut de l'arête centrale penchera en avant. Réglez les vis de manière à ce que ce point s'éloigne de l'observateur (le prisme étant dans la position d'incidence normale). Si ce même point était dans la moitié inférieure, le haut de l'arête centrale pencherait en arrière ; réglez les vis de manière à ce que ce point vienne vers l'observateur. Si, enfin, ce point tombe sur le côté, l'arête centrale ne penchera ni en avant ni en arrière.

Si maintenant le point servant de départ à l'arc décrit par l'image est situé dans la moitié droite de l'ellipse, le haut de l'arête centrale penchera vers la droite de l'observateur ; s'il était situé dans la moitié gauche de la courbe, le haut de l'arête pencherait à gauche. On y obviera par les vis calantes chargées de rectifier la position transverse de l'axe. Enfin, si le point tombait à l'une des extrémités de l'ellipse, il n'y aurait pas lieu de toucher les vis de calage.

Par l'emploi de ces règles, on arrivera toujours à rectifier le parallélisme de l'arête centrale; alors, dans les mouvements lents, l'image restera parfaitement fixe, et dans la rotation rapide, on obtiendra une image nette de la bougie.

Une fois les vis calantes bien réglées, il importe de ne plus y toucher jusqu'à ce que quelque dérangement imprévu vienne à se produire.

Dans le cas des projections, on disposera la lanterne ainsi : le faisceau lumineux sera dirigé de manière à raser la base supérieure du prisme et le miroir rond ne devra plus avoir son plan vertical; on devra le faire tourner autour de son axe de rotation horizontal jusqu'à ce qu'il fasse un angle de 8° à 10° avec la verticale, et alors le faisceau réfléchi viendra tomber sur la partie supérieure, et, après son émergence, on le recevra sur une lentille placée immédiatement derrière et un peu au-dessous du miroir.

HUITIÈME EXPÉRIENCE. — *Imiter les arcs en sautoir passant par le soleil et par l'anthélie.* — Passez sur la lame de verre une très légère couche de substance grasse et allongez cette substance dans un sens déterminé, par exemple parallèlement aux grands côtés du rectangle de la lame, de manière à former un bon striage à raies parallèles. Une brosse, guidée par une paroi verticale contre laquelle on appuie la lame de verre horizontalement placée, produira un striage convenable. Si à travers la lame ainsi préparée on regarde une bougie placée à 2 ou 3 mètres, on verra une large bande lumineuse normale avec stries et passant sur le centre de la bougie.

Placez cette lame sur le mouvement, en la saisissant de manière que le striage fasse un angle de 30° avec l'horizon; placez la bougie à 2 ou 3 mètres de distance, faites tourner et regardez à travers la lame, vous verrez les arcs en sautoir. Augmentez la hauteur angulaire de la bougie, et vous verrez les arcs se rapprocher de la verticale.

Placez ensuite la lame de manière que le striage fasse un angle de 60° avec l'horizon; en regardant la bougie placée dans une direction horizontale, vous verrez les arcs en sautoir dont les deux branches ascendantes se coupent sous un angle de 120°. En élevant la bougie, vous verrez cet angle diminuer de plus en plus.

Mirage.

MM. Macé de Lépinay et Pérot ont combiné un appareil au moyen duquel l'on peut reproduire en projections le phénomène du mirage (*fig.* 92 et 93).

Fig. 92.

Une cuve à parois de verre contient deux liquides miscibles superposés : dissolution de sel marin et eau pure. Après diffusion, il se produit une couche de mélange dans laquelle la loi de variation de l'indice avec la hauteur est analogue à celle de l'air échauffé au voisinage du sol.

On place l'appareil sur le trajet d'un faisceau de lumière parallèle.

Première expérience. — Le faisceau lumineux limité par deux pentes horizontales, une sur le condensateur de la lanterne à projection et l'autre sur l'appareil, est réfléchi par le petit miroir immergé (*fig.* 93 P) et dessine sur l'écran blanc, également immergé dans

Fig. 93.

la cuve, une trajectoire lumineuse (*trajectoire de Monge*).

Deuxième expérience. — La seconde pente placée sur l'appareil est remplacée par une lentille cylindrique horizontale, donnant naissance, dans le liquide inférieur, à une ligne lumineuse étroite, image de la première pente.

On voit se dessiner sur l'écran la caustique ou enveloppe des trajectoires lumineuses issues d'un même point.

Cette caustique représente un point de rebroussement[1].

1. Voir *Journal de physique,* 3e série, t. II, juillet 1893.

QUATRIÈME PARTIE

APPLICATIONS A L'ASTRONOMIE

En astronomie, les projections peuvent servir de deux façons : en agrandissant à la lanterne des photographies sur verre du soleil, de la lune, des étoiles ou des nébuleuses; en reproduisant sur toile les mouvements des astres au moyen de tableaux transparents mécanisés.

Photographies astronomiques.

Aujourd'hui, il n'est plus un seul observatoire astronomique qui ne possède un service photographique, et il existe de nombreux clichés au moyen desquels il est facile de préparer des vues à projection. La plupart du temps ces clichés n'auront pas les dimensions voulues et il sera nécessaire de faire des réductions à la chambre noire. Nous renverrons pour cela au chapitre [1] dans lequel nous avons traité cette question. Ici, plus que jamais, la mise au point doit être faite avec le plus grand soin, car il faut chercher à obtenir la plus grande netteté possible. L'on doit aussi éviter complètement tout effet de halo, qui empêche d'obtenir une netteté absolue des bords extrêmes des grandes lumières. Il suffit dans ce cas d'enduire

---

1. Voir t. I, p. 229.

le dos des glaces sensibles d'une couche d'ocre rouge mêlée à de la dextrine et soigneusement broyée dans l'eau; une fois cette couche étendue au pinceau, on place une feuille de papier buvard rouge de façon à obtenir un contact parfait. Grâce à cette précaution très facile à réaliser, on évite complètement le halo. Avant de procéder au développement on fait tremper la plaque dans l'eau pendant quelques instants : la couche se ramollit aisément, on l'enlève au moyen d'un chiffon, on lave pour éliminer toutes traces d'ocre et on développe.

Je ne saurais trop recommander de traiter d'une manière toute différente les épreuves de la carte du ciel, par exemple de celle de la lune. Les premières seront développées à fond, avec beaucoup de bromure, de façon à obtenir un fond absolument opaque et une très grande pureté dans les points qui représentent les étoiles; là le verre doit être à nu. Pour la lune, au contraire, il faut ménager les demi-teintes, ne pas trop pousser l'épreuve, de façon à ne pas empâter les grands noirs; en un mot, il faut chercher à conserver le plus de détails possible. Ici, il faudra donc diminuer la dose de bromure et pousser moins que dans le cas précédent.

Malgré toutes les précautions prises, les positives peuvent encore manquer de brillant, et il faut absolument chercher à éviter les épreuves grises sans effet. L'on peut souvent enlever le léger voile qui donne l'effet de gris en passant l'épreuve fixée dans un bain de cyanure rouge mêlé à de l'hyposulfite de soude. Ici, il faut opérer en pleine lumière pour arrêter l'action du bain aussitôt que l'effet désiré est obtenu. Mais cette opération affaiblit parfois l'épreuve au delà du point voulu; on la renforce alors légèrement en employant le bain à l'iodure mercurique de Lumière. Cette formule a l'avantage de faire monter directement l'épreuve, ce qui permet de juger exactement du degré de renforcement atteint; d'un autre côté, la couleur est excellente. Mais il faut user de bains récemment préparés et n'omettre aucune des recommandations indiquées.

Tableaux mécanisés.

Le mouvement des astres s'explique bien plus facilement lorsqu'on peut le produire sous les yeux de l'auditoire. C'est ce que les tableaux mécanisés permettent d'obtenir, et les principaux constructeurs ont des collections de ce genre très complètes. Nous citerons celle de M. Pellin, composée de dix tableaux comprenant :

1° Système solaire, révolution des planètes et de leurs satellites autour du soleil;

2° Révolution annuelle de la terre, raison des saisons;

3° Rotation et phases de la lune, phénomène des marées;

4° Mouvement apparent, direct et rétrograde de Vénus;

5° Manifestation de la rondeur de la terre;

6° Révolution excentrique d'une comète autour du soleil;

7° Mouvement diurne de la terre, phénomène du jour et de la nuit;

8° Mouvement annuel de la terre autour du soleil et variation du disque de la lune;

9° Eclipse de soleil;

10° Eclipses de la lune.

Le mécanisme de ces tableaux est assez simple, mais il demande à être manœuvré avec soin, sans brusquerie. Il est de toute importance de caler la planchette dans la lanterne de façon à ce qu'elle ne puisse pas bouger lorsqu'on mettra en marche les engrenages qui produisent les mouvements voulus. Si l'on ne prenait pas cette précaution, les mouvements brusques de toute la planchette fausseraient les dents des roues ou des pignons et en peu de temps ces tableaux, toujours assez coûteux, seraient mis hors d'usage. Il est bon également, avant la séance, d'enlever la poussière et de graisser légèrement avec de la vaseline les différents pignons, de façon à obtenir des mouvements très doux.

CINQUIÈME PARTIE

APPLICATIONS A LA CHIMIE

Les réactions chimiques peuvent en général se projeter à la lanterne, et ce mode de démonstration a le grand avantage d'être facilement visible à distance, alors qu'il en est tout autrement lorsque le professeur se contente de produire les précipités ou les colorations qu'il décrit dans un verre à expérience, toujours de faible capacité. L'on peut même ajouter que grâce à l'amplification donnée par la lanterne ces différentes réactions ont beaucoup plus de netteté et qu'elles montrent des détails de formation qu'il est souvent difficile, pour ne pas dire impossible, de discerner à l'œil nu.

Il serait difficile, et du reste inutile, d'énumérer ici tous les sujets à projection que peuvent donner les études chimiques; il sera suffisant d'indiquer les méthodes générales à employer en les faisant suivre de quelques exemples.

Méthodes générales.

A peu près toutes les expériences de chimie que l'on peut projeter se font par voie humide, c'est-à-dire en faisant réagir les unes sur les autres des substances préalablement dissoutes soit dans l'eau, soit dans un liquide convenablement choisi. Ces expériences ne peuvent donc se faire que dans des cuves transparentes, cuves horizontales ou plus souvent cuves verticales.

Nous avons déjà décrit page 83 les différents modèles que l'on peut employer. Nous insisterons surtout sur l'obligation d'employer des cuves absolument propres ; très souvent la moindre trace d'une substance étrangère empêche ou dénature la réaction que l'on cherche à produire, aussi ne peut-on jamais prendre assez de précautions à cet égard. Comme ce nettoyage est toujours assez long à faire, il est prudent d'avoir une série de cuves préparées à l'avance et qui peuvent se substituer rapidement les unes aux autres dans la lanterne.

Dans certains cas, pour continuer une réaction, il est utile de laver le précipité obtenu sans l'enlever de la cuve. Grâce à la méthode du syphon, il est facile de procéder à cette opération sans enlever la cuve, mais il faut agir avec précaution, surtout avec lenteur, et cela afin d'éviter que le liquide ne dépasse les bords de la cuve et ne vienne se répandre dans la lanterne. On peut également produire un véritable courant d'eau dans la cuve en disposant convenablement des tubes de caoutchouc.

La plupart des réactions que l'on a à produire sont d'une extrême sensibilité ; il faut donc, plus encore dans cette méthode des projections que dans le verre à expérience, diluer très fortement les réactifs à employer. Si l'on ne prenait pas cette précaution l'on obtiendrait toujours des précipités absolument opaques qui se traduiraient tous par des masses noires, alors qu'au contraire elles se distinguent les unes des autres par des colorations différentes et souvent des plus vives.

La cuve étant à moitié remplie par un des réactifs, on introduit le second par très petites quantités en se servant d'une pipette. Si l'on versait directement une masse de liquide, la réaction se produirait d'une manière brutale et ne permettrait pas de distinguer les caractères distinctifs.

Dans quelques cas on peut produire des effets plus nets en projetant l'un des réactifs, réduit en poudre fine, à la surface du liquide. Chaque particule se dissout à part et produit autour d'elle la réaction voulue. D'autres fois, au contraire, on peut ajouter le second réactif en gros morceaux qui gagnera le fond de la cuvette en produisant sur son passage une traînée colorée et s'entourera, lorsqu'il aura gagné le fond, d'une zone colorée qui s'augmentera peu à peu et pourra gagner la masse tout entière.

Mais, nous ne saurions trop le dire et le redire, il faut agir sans précipitation, et il est toujours prudent d'essayer à l'avance toutes ces expériences, car la moindre des choses peut masquer ou dénaturer complètement une réaction.

Réactions colorées.

Le réactif coloré par excellence dans les expériences de chimie est la teinture de tournesol; celle-ci, naturellement bleue violacée, est rendue rouge par les acides et ramenée au bleu par les alcalis.

Teinture de tournesol. — Le tournesol est un sel d'un acide organique faible, l'acide lithinique, coloré en rouge, et formant, avec les bases énergiques comme la potasse et la soude, des sels bleus, qui, traités par un acide, se colorent en rouge.

Les solutions de tournesol doivent être conservées dans des vases à moitié pleins et fermés seulement par une feuille de papier; sans cette précaution la solution perd rapidement sa couleur bleue et se putréfie.

La réaction peut se faire en deux temps, et elle est ainsi beaucoup plus nette. On remplit tout d'abord une cuve verticale de teinture de tournesol très diluée; elle doit être telle que la lumière passe facilement et donne sur l'écran une belle image bleue assez claire. Au moyen d'un compte-goutte, on laisse tomber en différents points de la surface du liquide quelques gouttes d'une liqueur acide : chaque goutte produit une tache rouge qui se poursuit en traînée dans le liquide bleu; puis, au moyen d'un agitateur, on mêle le tout et l'écran se trouve alors uniformément coloré en rose ou en rouge suivant l'état de concentration des liquides.

Si, au lieu de n'employer qu'un seul acide, on fait tomber dans la teinture bleue des gouttes d'acide différents, l'on peut constater que la coloration varie avec chaque acide, le rouge n'est pas le même. Ces variations sont presque toujours peu différentes; il faut, pour les distinguer les unes des autres, employer des liquides peu concentrés, et il est bon de les essayer par avance.

Le liquide rougi par les acides peut être ramené au bleu en ajoutant de l'ammoniaque liquide ou toute autre substance alcaline.

A côté de la réaction classique de la teinture de tournesol, il faut placer celle non moins classique du *sirop de violettes* qui est rougi par les acides et verdi par les alcalis.

La teinture jaune obtenue par une décoction de *bois de curcuma* devient rouge par les alcalis.

La teinture rouge de *bois de Brésil* devient jaune sous l'action des acides; elle est décolorée par l'hyposulfite de soude; elle devient violacée en présence de l'ammoniaque, de la potasse et de la soude; elle devient d'un beau noir par les sels de fer, surtout par l'acétate de fer. C'est là, du reste, le procédé employé pour teindre les bois en noir.

Nous citerons encore parmi les réactions colorées les plus brillantes celles qui suivent :

Teinture de cochenille. — La teinture de cochenille a sur le tournesol l'avantage d'être sensible aux carbonates alcalino-terreux. Sa couleur normale est jaune rougeâtre. Traitée par un alcali, elle vire au violet; les acides la ramènent au jaune.

L'*héliantine* A, ou orange de méthyle, devient jaune avec les alcalis et vire au rouge avec les acides.

La *phtaléine du phénol* est presque incolore en présence des acides; elle vire au rouge vif avec les bases.

L'*acide rosolique* est incolore ou très légèrement jaune en présence des acides; elle devient instantanément rouge-violet par le plus léger excès d'alcali libre.

La *phénacétoline* est colorée en jaune pâle par les bases, en jaune d'or par les acides, en rouge vif par les carbonates alcalins et alcalino-terreux.

Le *bleu soluble* C. L. B. est bleu avec les carbonates, rouge avec les bases, bleue avec les acides.

L'*alizarine*-sulfonate de sodium est rouge avec les alcalis, jaune avec les acides.

L'acide *sulf-indigotique* est bleu avec les carbonates alcalins, jaune avec les bases et bleu-vert avec les acides.

La *tropéoline* est incolore en présence des acides, rouge avec les bases.

Le *périzol* se colore en violet-noirâtre avec les alcalis.

Précipités.

Les précipités se produisent lorsque l'on met en présence deux substances solubles qui produisent par leur combinaison une troisième substance insoluble. Comme nous l'avons dit déjà, il est important de n'opérer que sur des solutions très diluées, car en agissant, au contraire, avec des liquides concentrés, les précipités sont toujours d'une opacité telle que leur couleur échappe à l'observation par transparence. Dans le cas où il serait impossible d'éviter cette opacité, il faudrait projeter non plus par transparence mais bien par réflexion.

Nous ne saurions citer ici toutes les réactions qu'il est possible de produire, nous nous contenterons d'en décrire quelques-unes.

Sulfate de zinc et ammoniaque. — Dans une dissolution concentrée de sulfate de zinc l'on envoie avec force, au moyen d'une pipette munie d'une poire en caoutchouc, des gouttes séparées d'ammoniaque liquide : il se forme alors un précipité en volutes d'un effet particulier.

Azotate d'argent et chlorure de sodium. — Ici, au contraire, il faut opérer avec des solutions étendues. L'on verse dans la cuve une solution d'azotate d'argent à 1 ou 2 %, puis l'on fait tomber quelques gouttes de sel marin dissous dans l'eau : il se produit aussitôt un précipité en neige, qui se réunit en flocons par l'agitation du liquide. Quelques gouttes d'ammoniaque ou d'hyposulfite de soude dissolvent le précipité de chlorure d'argent.

Azotate de plomb et sel ammoniaque. — La cuve étant remplie d'une solution étendue d'azotate de plomb, on répand à sa surface une petite quantité de sel ammoniaque finement pulvérisé : il se produit alors un précipité en fine poussière qui gagne le fond de la cuve. On peut encore faire cette expérience en mettant dans la cuve une solution à 4 % d'azotate de plomb et en laissant tomber dans le liquide un gros cristal de sel ammoniaque : il se produit alors tout autour de ce cristal des arborisations cristallines.

Sulfate de potasse et chlorure de baryum. — On met dans la cuve une solution moyenne de sulfate de potasse et on dépose à la surface du liquide un morceau de papier buvard préalablement imbibé de chlorure de baryum : il se produit alors des traînées de précipité lourd qui gagne verticalement le fond de la cuve.

M. Molteni a décrit une expérience curieuse de précipitations : « On fait une boulette de cire à la surface de laquelle on incruste de menus cristaux de sels divers : sels de fer, cobalt, cuivre, etc.; on dépose cette petite boule dans une cuve contenant une solution de prussiate jaune de potasse ou de tout autre réactif convenablement choisi et convenablement épaissi avec de la gomme : on verra naître aussitôt de la boule de cire de curieuses arborisations aux multiples couleurs et aux aspects changeants à l'infini. »

Nous donnerons, à titre de simple indication, les principales réactions données par les sels métalliques les plus importants :

Potassium : sels de potasse.

Acide tartrique : précipité blanc cristallin (acide en excès).

Acide fluorhydrique : précipité blanc gélatineux.

Acide carboazotique : précipité jaune cristallin.

Sulfate d'alumine : précipité blanc cristallisant en octaèdres.

Bichlorure de platine : précipité jaune caractéristique.

Sodium : sels de soude.

Hyperiodate de potasse : précipité blanc.

Antimoniate de potasse : précipité blanc cristallin.

Barium : sels de barite.

Potasse : précipité blanc, disparaissant dans un excès d'eau.

Carbonates alcalins : précipité blanc.

Acide sulfurique : précipité blanc, insoluble dans l'eau et l'acide azotique (caractéristique).

Chromate de potasse : précipité jaune.

Cyanoferrure de potassium : précipité blanc cristallin dans les solutions concentrées.

Calcium : sels de chaux.

Potasse et soude : précipité blanc, gélatineux.

Acide oxalique : précipité blanc insoluble dans l'eau et l'acide acétique, très soluble dans l'acide azotique (caractéristique).

Magnésium : sels de magnésie.

Ammoniaque : précipité blanc, qui disparaît dans un excès de réactif.

Carbonate de potasse : précipité blanc, soluble dans un excès de sel ammoniacal.

Phosphate de soude ammoniacal : précipité blanc insoluble dans l'ammoniaque.

Aluminium : sels d'alumine.

Ammoniaque : précipité amorphe dans les solutions concentrées seulement.

Potasse : précipité gélatineux soluble dans un excès de réactif.

Sulfate de potasse : précipité cristallin, se formant rapidement par agitation du liquide.

Manganèse.

Potasse et soude : précipité blanc, insoluble dans un excès de réactif, en partie soluble dans le chlorhydrate d'ammoniaque.

Carbonate de soude : précipité blanc légèrement rosé.

Cyanoferride de potassium : précipité brun.

Sulfhydrate d'ammoniaque : précipité couleur de chair.

Fer : sels de protoxyde de fer.

Potasse, soude : précipité blanc-verdâtre, insoluble dans un excès de réactif.

Ammoniaque : même précipité soluble dans un excès de réactif.

Cyanoferride de potassium : précipité bleu.

Sulfhydrate d'ammoniaque : précipité noir.

Acide oxalique : précipité jaune, ne se formant qu'à la longue, soluble dans l'acide chlorhydrique.

Sels de sesquioxyde de fer.

Potasse, soude, ammoniaque : précipité brun insoluble dans un excès de réactif.

Cyanoferrure de potassium : précipité bleu.

Sulfocyanure de potassium : coloration d'un rouge intense.

Tannin : précipité noir-bleu (encre).

Chrome.

Potasse et soude : précipité verdâtre, soluble dans un excès de réactif et donnant une belle liqueur verte.

Ammoniaque : précipité gris-verdâtre.

Phosphate de soude : précipité vert, soluble dans un excès de réactif.

Zinc.

Potasse, soude, ammoniaque : précipité blanc gélatineux, soluble dans un excès de réactif.

Carbonate de soude : précipité blanc.

Cyanoferride de potassium : précipité jaune ; ce précipité est le seul composé coloré que forment les sels de zinc avec les réactifs.

Étain : sels d'étain au minimum.

Potasse : précipité blanc soluble dans un excès de réactif.

Ammoniaque : précipité blanc insoluble dans un excès de réactif.

Tannin : précipité brun-jaunâtre.

Iodure de potassium : précipité blanc demeurant jaune et souvent rouge.

Chlorure d'or : coloration pourpre (pourpre de Cassius), solutions très étendues.

Sels d'étain au maximum.

Cyanoferrure de potassium : précipité blanc gélatineux qui n'apparaît qu'au bout d'un certain temps.

Tannin : même réaction.

Sulfhydrate d'ammoniaque : précipité jaune qui n'apparaît qu'à la longue.

Plomb.

Potasse : précipité blanc, soluble dans un excès de réactif, surtout sous l'influence de la chaleur.

Tannin : précipité jaune.

Sulfhydrate d'ammoniaque : précipité noir.

Iodure de potassium : précipité jaune, se dissolvant dans un grand excès de réactif.

Chromate de potasse : précipité jaune devenant rougeâtre sous l'influence d'un excès de potasse ou d'ammoniaque.

Antimoine.

Potasse : précipité blanc, soluble dans un grand excès de réactif.

Ammoniaque : précipité blanc, insoluble.

Tannin : précipité blanc.

Sulfhydrate d'ammoniaque : précipité jaune-rougeâtre (caractéristique).

Cuivre : sels de protoxyde de cuivre.

Potasse : précipité jaune-brun.

Ammoniaque : précipité devenant bleu au contact de l'air.

Carbonate de potasse et de soude : précipité jaune.

Cyanoferrure de potassium : précipité blanc devenant rapidement rouge-brun au contact de l'air.

Sels de bioxyde de cuivre.

Potasse et soude : précipité bleu.

Ammoniaque : précipité verdâtre.

Acide oxalique : précipité blanc-verdâtre.

Cyanoferrure de potassium : précipité rouge-brun-marron.

Cyanoferride de potassium : précipité jaune-vert.

Tannin : précipité gris.

Sulfhydrate d'ammoniaque : précipité noir.

Iodure de potassium : précipité blanc.

Chromate de potasse : précipité rouge-brun.

Mercure :

Sels de protoxyde de mercure.

Potasse, ammoniaque : précipité noir.

Carbonate de potasse : précipité jaune sale.

Carbonate d'ammoniaque : précipité gris, devenant noir par un excès de réactif.

Phosphate de soude : précipité blanc.

Cyanoferrure de potassium : précipité blanc.

Cyanoferride de potasse : précipité rouge-brun devenant blanc avec le temps.

Tannin : précipité jaune.

Sulfhydrate d'ammoniaque : précipité noir.

Iodure de potassium : précipité jaune-verdâtre, noircissant par un excès de réactif et se dissolvant ensuite.

Chromate de potasse : précipité rouge vif.

Acide chlorhydrique et chlorures : précipité blanc, transformé en corps noir par l'ammoniaque (caractéristique).

Sels de deutoxyde de mercure.

Potasse : précipité jaune.

Ammoniaque précipité blanc.

Carbonate de potasse : précipité rouge.

Phosphate de soude : précipité blanc.

Acide oxalique : précipité blanc.

Cyanoferrure de potassium : précipité blanc se décomposant à l'air en bleu de Prusse et en cyanure de mercure.

Iodure de potassium : précipité rouge vif, soluble dans un excès d'iodure alcalin et dans un excès de sel mercuriel.

Chromate de potasse : précipité jaune-rouge.

Argent.

Potasse : précipité bleu clair, soluble dans l'ammoniaque.

Carbonate de potasse : précipité blanc, soluble dans l'ammoniaque.

Phosphate de soude : précipité jaune.

Pyrophosphate de soude : précipité blanc.

Acide oxalique : précipité blanc, soluble dans l'ammoniaque.

Cyanoferrure de potassium : précipité blanc.

Cyanoferride de potassium : précipité rouge-brun.

Sulfhydrate d'ammoniaque : précipité noir.

Acide chlorhydrique : précipité blanc.

Iodure de potassium : précipité blanc jaunâtre, insoluble dans l'ammoniaque.

Chromate de potasse : précipité rouge-brun, légèrement insoluble dans l'eau, très soluble dans l'ammoniaque.

Sulfate de protoxyde de fer : précipité blanc et métallique d'argent.

Or.

Acide oxalique : précipité noir.

Cyanoferrure de potassium : coloration vert émeraude.

Protochlorure d'étain : précipité brun.

Protochlorure d'antimoine : précipité jaune, brillant, d'or métallique.

Iodure de potassium : coloration noire.

Tannin : précipité noir.

Platine : sels de protoxyde de platine.

Ammoniaque : précipité vert.

Carbonate de potasse : précipité brun, qui ne se dépose qu'au bout d'un certain temps.

Protochlorure d'étain : coloration brune.

Iodure de potassium : d'abord coloration rouge et ensuite précipité noir.

Cristallisation.

Les expériences de cristallisation se projettent très bien à la lanterne, et rien n'est plus intéressant que de voir des cristaux aux formes géométriques se développer peu à peu sur l'écran.

Nous empruntons à M. Molteni les renseignements suivants sur la mise en pratique de ces manipulations :

La méthode générale pour réussir avec certitude cette expérience est la suivante : on doit préparer au préalable une solution concentrée du sel à faire cristalliser et l'employer chaude, de manière à assurer la prompte évaporation du dissolvant. Celui-ci est généralement l'eau pure; mais on fait varier les formes cristallines ou, tout au moins, on ·empêche la cristallisation trop prompte en se servant de liquides épaissis par la gomme; la bière, en particulier, réussit très bien. Sur une glace bien propre, qu'on lave au dernier moment avec un peu de la solution du sel étendu avec un linge fin, on répand la solution à la manière du collodion, on égoutte et on place dans un châssis passe-vues.

Sous l'influence de la chaleur du foyer lumineux, le dissolvant ne tarde pas à s'évaporer. Au début, l'écran paraît blanc, peu à peu, en quelques points, on voit se former de petits cristaux qui ne tardent pas à s'accroître et à s'allonger dans toutes les directions, recouvrant la glace d'un élégant lacis aux formes régulières et géométriques; celles-ci appartiennent toujours à un même système pour un même sel.

Les formes premières se modifient sans cesse sous l'influence de la chaleur qui leur fait perdre leur eau de constitution par suite de phénomènes de surfusion.

On modifie encore l'aspect des cristaux en décentrant le foyer lumineux, surtout en hauteur ; les cristaux prennent de nouvelles colorations, et les jeux de lumière produisent les plus capricieux changements. Ajoutons que ces expériences faites en lumière polarisée donnent de merveilleuses projections.

Voici quelques exemples :

Chlorhydrate d'ammoniaque, dissous à raison de 40 % : donne des cristaux en épée ; si l'on se sert de bière comme dissolvant, les cristallisations se produisent en forme de plumules.

Sulfate de zinc à 15 % : donne des aiguilles prismatiques en étoiles.

Chlorure de cuivre à 60 % : forme des étoiles bleuâtres; mais souvent la cristallisation donne naissance à des masses en aiguilles dessinant de grands losanges teintés de bleu.

Acétate de soude à 30 % : donne lieu à de fines aiguilles, souvent groupées en feuilles de fougère.

Acide oxalique à 14 % : cristallise en prismes allongés.

Bichromate de potasse à 9 % : produit des tables et prismes hexagonaux orangés. La solution doit être additionnée de gomme, ou mieux de glycérine, pour empêcher la formation de trop petits cristaux, ce qui se produirait dans l'eau pure.

Chlorure de sodium à 25 % : donne de petits cristaux cubiques à angles très nets.

Azotate de potasse à 20 % : cristallise en longues aiguilles.

Carbonate de potasse à 50 % : ne produit que des cristaux feutrés et non isolés.

Sucre blanc à 60 % : donne des prismes allongés; mais les cristaux sont plus beaux si on a additionné la solution d'un peu de miel.

Les dissolutions de sels doubles, carbonate double de soude et de potasse, alun, etc., donnent toujours des cristaux plus volumineux que les dissolutions de sels simples.

On peut donner à ces expériences de nombreuses variantes. On collodionne la plaque avec une solution limpide de gomme additionnée d'un peu de glycérine, et on y dépose quelques gouttes de solutions salines diverses : on obtiendra ainsi des floraisons très curieuses.

Si l'on a dessiné à l'avance sur la glace une lettre ou un chiffre à l'aide d'une petite estompe très légèrement grasse, de manière à faire une marque à peine perceptible, quand la cristallisation s'opérera le chiffre sera indiqué par des cristaux plus petits et les ramifications salines laisseront les lettres intactes. On réussit mieux cette expérience avec le support horizontal, et on doit employer une solution un peu épaisse et abondante.

Certaines cristallisations métalliques donnent lieu à de fort belles expériences; nous citerons celles connues sous le nom d'arbre de Saturne et d'arbre de Diane. Nous donnerons quelques détails sur la première.

Arbre de Saturne. — Si l'on plonge dans la cuve à réaction, remplie d'une solution étendue d'acétate de plomb, un morceau de zinc qui supporte plusieurs fils de laiton roulés en spirale, on voit bientôt les fils métalliques se recouvrir de végétations cristallines de plomb : ce précipité a été appelé par les alchimistes *arbre de Saturne.* Pour obtenir une belle réaction, on doit ajouter dans la liqueur une certaine quantité d'acide acétique, afin d'empêcher la précipitation d'un sous-sel insoluble ou celle du carbonate de plomb qui se produirait par l'action de l'acide carbonique de l'air sur le sel de plomb devenu basique.

L'*arbre de Diane* se produit en introduisant dans la cuve une petite quantité de mercure, sur laquelle on verse une dissolution étendue d'azotate d'argent; le mercure précipite l'argent de sa dissolution et l'argent précipité forme une fine cristallisation qui n'est autre que l'arbre de Diane.

Enfin, nous rapporterons à cette étude des cristallisations la magnifique expérience de Tyndall pour montrer la structure cristalline de la glace.

Tout d'abord, nous rappellerons que sous l'influence du froid l'eau cristallise, et la neige est entièrement composée de cristaux microscopiques d'eau congelée. Mais il est presque impossible de projeter ces cristaux, et ce n'est que par une sorte de subterfuge que M. Haas a trouvé le moyen de fixer les dessins de givre (qui n'est qu'une forme particulière de l'eau cristallisée). Voici comment il convient d'opérer. On expose au froid une lame de verre horizontale, recouverte d'une mince couche d'eau, tenant en suspension de la poudre d'émail. Le givre se forme et dessine de nombreuses arabesques ramifiées, en tenant emprisonnée la poudre d'émail. On a ainsi des arborescences d'émail quand l'eau est évaporée, et en portant au four la plaque de verre ainsi préparée, l'émail fondu fixera pour toujours les cristallisations formées par le givre.

Les fleurs de la glace ne se voient pas directement; il faut

les faire naître en quelque sorte en opérant ainsi : on choisit
un morceau de glace de 20 à 25 millimètres d'épaisseur, à
faces parallèles et bien exempt de bulles d'air. Un tel morceau
se forme à la surface d'une eau tranquille; au besoin, on pourrait encore obtenir une lame convenable en dressant les faces
d'un morceau de glace par frottement sur un grès, ou mieux
sur une plaque de fonte.

On dispose devant le condensateur de la lanterne une cuve
remplie d'alun pour atténuer la chaleur donnée par l'arc électrique, qui seul peut être employé dans cette expérience, et on
place le morceau de glace verticalement à quelques centimètres en avant; au delà, on dispose une grande lentille, ou mieux
un objectif à portrait, qu'on éloigne ou rapproche jusqu'au
moment où l'on obtient sur l'écran une image bien pure du
bloc de glace.

A ce moment, on retire la cuve d'alun, et le rayon de lumière chaud « mettra en pièces l'édifice de la glace en renver-
sant exactement l'ordre de son architecture », comme le dit
Tyndall, auquel nous laisserons décrire l'expérience :

« Observez l'image produite sur l'écran : voici une étoile,
en voilà une autre ; à mesure que l'action continue, la glace
paraît se résoudre de plus en plus en étoiles, toutes de six
rayons, et ressemblant chacune à une belle fleur à six pétales.
En faisant aller et venir ma lentille, je mets en vue de nouvelles étoiles, et, à mesure que l'action continue, les bords des
pétales se couvrent de dentelures et dessinent sur l'écran
comme des feuilles de fougère. Très peu, probablement, des personnes ici présentes étaient initiées aux beautés cachées dans
un bloc de glace ordinaire; et pensez que la prodigue nature
procède ainsi dans tout le monde entier ! Chaque atome de la
croûte solide qui couvre les lacs glacés du Nord a été fixé suivant cette même loi. La nature dispose ses rayons avec har-
monie, et la mission de la science est de purifier assez nos organes pour que nous puissions saisir ses accords. En exami-
nant bien ces étoiles, on aperçoit au centre de chaque fleur une
tache qui a le lustre de l'argent bruni. Vous seriez tenté de

croire que cette tache est une bulle d'air; mais en l'immergeant dans l'eau chaude, vous pouvez faire fondre la glace tout autour de la tache, et au moment où elle restera seule, vous la verrez s'affaisser et disparaître sans trace aucune de bulle d'air. Cette tache est un vide. Nous savons que la glace en fondant se contracte, et cette contraction nous la prenons ici sur le fait. L'eau des fleurs ne peut remplir l'espace occupé par la glace qui lui a donné naissance par sa fusion; de là, production d'un vide, compagnon inséparable de chaque fleur liquide. »

Expériences diverses.

Nous ne pouvons ici décrire toutes les expériences de chimie qui peuvent être reproduites en projections, mais les exemples que nous avons déjà donnés indiqueront la marche à suivre.

Voici encore quelques réactions indiquées par M. Molteni :

Fumées de l'acide chlorhydrique. — Qu'on dépose au fond de la cuve un peu d'acide chlorhydrique et qu'on tienne dans la partie haute de la cuve un morceau de papier buvard imprégné d'ammoniaque, on verra aussitôt la cuve se remplir d'abondantes fumées aux capricieuses volutes ; il s'est, en effet, formé du chlorhydrate d'ammoniaque solide.

Notons, en dehors de sa partie scientifique, que c'est là le moyen employé habituellement par les prestidigitateurs pour faire passer la fumée d'un cigare dans un verre.

Acide hypoazotique. — On dépose dans la cuve quelques gouttes d'acide azotique et on y plonge un peu de limaille de fer; si on touche cette limaille avec l'extrémité d'un fil de cuivre, il se dégage aussitôt des fumées lourdes et rougeâtres d'acide hypoazotique.

Acide carbonique. — Mettre dans la cuve quelques cristaux de carbonate de soude et verser par-dessus une solution concentrée de sulfate neutre de soude, faire tomber une goutte d'acide sulfurique : on verra aussitôt se dégager l'acide carbonique en bulles tumultueuses.

Amalgame d'ammonium. — Remplir la cuve d'une dissolution de chlorhydrate d'ammoniaque et y plonger une cuillère contenant un petit morceau d'amalgame de sodium : on verra celui-ci gonfler peu à peu au milieu d'un abondant afflux de gaz ammoniac.

Décomposition du silicate de soude. — On met dans la cuve une solution assez étendue de silicate de potasse ou de silicate de soude, on laisse tomber dans la cuve ainsi remplie de petits morceaux de sulfate de cuivre, de sulfate de fer et de sulfate de zinc, et presque aussitôt il se forme des arborescences sur ces cristaux. Les premières apparaissent sur le sulfate de zinc : elles sont blanches; puis se produisent celles sur le sulfate de fer : elles sont brunes; enfin, viennent celles sur le sulfate de cuivre : elles sont bleues. Au bout de vingt minutes, la cuve est remplie d'une véritable végétation aux couleurs variées. Ces arborescences sont formées par des silicates insolubles de zinc, de fer et de cuivre.

Réactions photographiques.

Il est facile, au moyen des projections, de montrer à un nombreux auditoire les principales réactions de la photographie. Rien n'est plus intéressant que de voir une image se développer sur l'écran.

L'on peut opérer soit avec la cuve verticale, soit avec une cuvette horizontale transparente, et lorsque l'on dispose d'un éclairage puissant, l'arc électrique, par exemple, il est infiniment préférable d'employer la méthode des projections horizontales.

Développement des images négatives. — L'on peut très bien développer un négatif; mais l'effet est beaucoup plus saisissant lorsqu'on opère sur une épreuve positive, car il n'y a pas inversion des blancs et des noirs, ce qui déroute toujours les personnes insuffisamment initiées à la photographie.

L'on choisira une cuvette en verre moulé, à fond régulier et le plus plat possible, ou bien l'on prendra une cuvette en bois à fond de verre; l'on placera au-dessous d'elle un verre jaune de coloration peu foncée, et cela pour empêcher l'action des rayons actiniques de la source lumineuse sur la plaque sensible.

Dans la cuvette, on versera une quantité suffisante de bain de développement neuf, incolore, et ainsi composé :

Eau bouillie...............................	1,000
Sulfite de soude cristallisé.....	100
Carbonate de soude...........................	120
Hydroquinone.........	10
Bromure de potassium.......................	1

Préalablement, on aura fait poser derrière un négatif une plaque pour diapositifs à tons noirs, et l'on aura le soin de marquer le sens de l'épreuve par un coup de crayon sur la gélatine : l'on marquera le bas, par exemple, et cela afin de bien disposer l'épreuve dans la cuvette de telle façon que sur l'écran le ciel occupe bien la partie supérieure.

Le cliché se développe peu à peu sous les yeux de l'auditoire; dès qu'il a acquis l'opacité voulue l'on enlève le bain de développement au moyen d'un siphon et on le remplace par une dissolution d'hyposulfite de soude : le cliché se dépouille très rapidement et prend tout son effet. Vers la fin de l'opération on enlève le verre jaune afin de donner à l'image toute la transparence voulue.

L'opération du fixage fait beaucoup plus d'effet que celle du développement; elle est plus rapide et beaucoup plus nette, enfin, elle n'offre aucune difficulté, aussi c'est elle que nous recommandons de faire.

Réduction d'une épreuve trop venue. — L'on peut également réduire un cliché trop venu, enlever le voile. Dans ce cas, l'on montrera l'action différente du bain de Farmer (hyposulfite de soude et cyanoferride de potassium) qui enlève le voile et produit de la dureté; de celle du persulfate d'ammoniaque et du permanganate de soude, qui réduisent surtout les grandes lumières et donnent de la douceur à une épreuve dure.

Renforcement. — En mettant dans la cuvette un bain de

bichlorure de mercure et un cliché faible, on voit l'image se renforcer peu à peu, et il est inutile de noircir à l'ammoniaque, car le dépôt mercuriel est par lui-même assez opaque.

Virage. — L'opération du virage peut se faire en mettant dans la cuvette un bain d'or au sulfocyanure et une positive sur verre tirée sur plaque à tons chauds (ou chlorure d'argent). L'épreuve aura été préalablement fixée et bien lavée.

L'on peut aussi changer la couleur des épreuves et les faire devenir bleue, rouge, verte, en employant les différents bains proposés à ce sujet.

SIXIÈME PARTIE

APPLICATIONS A LA PHYSIQUE

CHAPITRE PREMIER.

PHYSIQUE GÉNÉRALE.

Propriétés de la matière.

1° *Divisibilité de la matière.* — « L'extrême divisibilité de la matière peut se démontrer de diverses façons; l'une des plus faciles, dans le cas qui nous occupe, est la suivante : dans une cuve pleine d'eau pure, on introduit une goutte d'eau fortement colorée par une couleur d'aniline, fuschine ou violet d'Hoffman, et on agite le liquide qui prend une teinte rosée; on retire avec une petite pipette les trois quarts du liquide et on remplit de nouveau d'eau pure : la teinte devient plus faible. On recommence à plusieurs reprises, et la teinte persiste toujours, bien que s'affaiblissant, ce qui prouve l'extrême divisibilité de la matière colorante, qui peut être chaque fois appréciée, connaissant le volume initial de la goutte colorée et les volumes successifs d'eau ajoutés. » (MOLTENI.)

2° *Porosité.* — On peut démontrer expérimentalement la porosité au moyen de l'expérience suivante : on prend un tube en verre d'un diamètre de 3 à 4 centimètres, terminé en haut par un godet en cuivre et en bas par un ajutage pouvant être relié avec une machine pneumatique. Le fond du godet est constitué par une épaisse rondelle de cuir. On remplit ce godet de mercure, puis on fait le vide dans le tube. Aussitôt, sous l'action de la pression atmosphérique qui agit à la surface du mercure, celui-ci passe à travers les pores du cuir et tombe dans le tube sous la forme d'une pluie fine. On peut également remplacer le disque de cuir par une rondelle de bois et faire traverser un liquide, de l'eau par exemple, de même manière.

On peut également démontrer la porosité d'un morceau de craie en la plongeant dans l'eau : on en voit sortir de petites bulles d'air. Cet air était donc contenu dans les pores de la craie, d'où il est chassé par l'eau qui pénètre le bloc de craie.

3° *Les forces.* — Les forces instantanées sont celles qui agissent pendant un temps très court, l'explosion de la poudre, par exemple; les forces continues sont celles qui agissent pendant toute la durée d'un mouvement.

La première catégorie peut se montrer en projection en faisant éclater sur le plateau porte-objet quelques grains de poudre ou en mettant le feu à une petite quantité de coton-poudre.

L'équilibre qui résulte de l'application de forces égales et contraires se démontre en projetant une de ces petites figures d'ivoire qu'on fait tenir sur un pied en les chargeant de deux boules de plomb placées assez bas pour que, dans toutes les positions, le centre de gravité se trouve au-dessous du point d'appui.

Les lois de la pesanteur se montrent au moyen d'un fil à plomb, et ce même dispositif permet de démontrer les lois du pendule.

Une série de billes de verre ou d'ivoire, suspendues à des fils et se touchant, servent à montrer les lois de l'inertie, de la compressibilité, la transmission des forces, etc., etc.

4° *Force centrifuge.* — L'expérience suivante permet de montrer la force centrifuge d'une manière fort élégante. « Une petite sphère de verre, un ballon, à demi-rempli d'un liquide légèrement coloré, est mise devant le condensateur ; elle est montée sur un pied portant une poulie à laquelle on peut imprimer un rapide mouvement de rotation à l'aide d'une corde sans fin et d'une poulie à manivelle. Dès que l'appareil est mis en mouvement, le liquide remonte le long des parois de la sphère et se creuse en cône au centre ; les différences de coloration du liquide, suivant son épaisseur, montrent sur l'écran le phénomène d'une manière très nette. » (MOLTENI.)

Chaleur.

La chaleur produite par les actions chimiques peut très bien se montrer en projection au moyen de l'expérience suivante : au fond d'un verre à expérience on met une petite quantité d'alcool absolu, on couvre le verre au moyen d'un disque de carton au milieu duquel on aura fixé une spirale en fil de platine ; au moyen d'une lampe à l'alcool on porte à l'incandescence le platine, et on place vivement le tout sur le verre à expérience : l'incandescence du fil de platine se continue grâce aux vapeurs émises par l'alcool.

On peut également montrer que le mélange d'eau et d'acide sulfurique produit un dégagement de chaleur. Il suffit de verser une certaine quantité d'eau dans un verre à expérience, d'y plonger un thermomètre gradué sur tige et de verser goutte à goutte de l'acide sulfurique dans l'eau ; peu à peu la colonne de mercure monte sous l'action de la chaleur dégagée par la combinaison de l'acide sulfurique et de l'eau.

Conductibilité. — Au moyen de l'appareil d'Ingenbourg convenablement modifié et surtout raccourci, on démontre très facilement que les divers corps ont un pouvoir conducteur pour la chaleur qui varie d'une substance à l'autre. « Une petite boîte en fer-blanc est munie d'un fond portant des tubulures fermées par des bouchons ; on enfonce dans ceux-ci des tiges de divers métaux, de bois et de verre, et on les recouvre d'une légère couche de cire, en les trempant dans un bain de cette substance fondue ; celle-ci étant figée, on met l'appareil devant le condensateur et on remplit la caisse d'eau bouillante : la cire fond d'autant plus vite et sur une plus grande longueur que la tige est plus conductrice de la chaleur. Sur l'écran, le phénomène se traduit par des gouttes de cire coulant et se rassemblant sur les extrémités des tiges. » (MOLTENI.)

Dilatation. — Il suffit de plonger la boule d'un thermomètre dans de l'eau chaude pour montrer que la colonne de mercure se dilate, s'allonge à mesure que la chaleur augmente.

Mais cette action est beaucoup plus marquée dans l'expérience du pyromètre. On construit aisément un pyromètre de projection destiné à montrer la dilatation des métaux par la chaleur en enfonçant horizontalement une aiguille d'acier dans une petite borne de bois fixée sur une planchette; dans le chas de l'aiguille on passe une seconde aiguille qui vient s'enfoncer dans un bouchon. Ce petit appareil étant placé devant le condensateur, on met un charbon allumé sous l'aiguille horizontale; celle-ci se dilate et, appuyant sur la seconde aiguille, la fait dévier de la verticale. Si on retire le charbon, l'aiguille reprend peu à peu sa disposition première par suite du refroidissement et du retrait de l'acier. Ces mouvements sont en réalité très petits, mais le grossissement de la lanterne les fait suffisamment constater.

M. Pellin construit un appareil spécial pour montrer en projection la dilatation variable des métaux sous l'influence de la chaleur. Une aiguille se déplaçant sur un cadran divisé montre l'allongement des métaux soumis à l'expérience.

La dilatation des gaz se démontre de plusieurs façons. On peut, par exemple, se servir d'un petit réservoir en boule de thermomètre vide dont la branche capillaire trempe dans un liquide teinté. Si on chauffe le réservoir à l'aide d'un charbon allumé, on voit l'air sortir sous forme de bulles; en laissant le réservoir se refroidir, le liquide monte peu à peu dans le tube.

L'on peut aussi recourir à l'appareil de M. le docteur Gariel construit spécialement pour montrer en projection la dilatation des gaz et que fabrique M. Pellin.

Vapeur. — Rien de plus facile que de montrer l'ébullition de l'eau, la formation de la vapeur, etc. M. Molteni a construit un appareil des plus ingénieux qui sert à montrer l'emploi de la vapeur dans les machines motrices.

Dans une monture ordinaire en bois est comprise, entre deux feuilles de verre, une coupe de corps de pompe avec son piston et son tiroir. Le tube d'introduction de la vapeur communique par un petit cône latéral dans lequel on introduit une cigarette allumée. Les tiges du piston et du tiroir communiquent avec un levier vertical auquel il suffit d'imprimer un balancement régulier pour que le piston aspire la fumée de la cigarette et que le tiroir la distribue alternativement sur chaque face. Les volutes de fumée, parfaitement visibles sur l'écran, permettent aux spectateurs de saisir d'une façon très nette le mécanisme du phénomène.

L'on démontre expérimentalement la force élastique des vapeurs au moyen de l'expérience suivante : « Pour démontrer la tension des vapeurs et, en même temps, pour les rendre sensibles à l'œil, on emplit de mercure, à moitié, un tube de verre recourbé en siphon, puis ayant fait passer une goutte d'éther dans la courte branche qui est fermée, on plonge le tube dans un bain d'eau chauffée à 45° environ. Alors, le mercure s'abaisse lentement dans la petite branche, elle s'est remplie d'un gaz qui a tout à fait l'apparence de l'air (vapeurs d'éther) et dont la force élastique fait équilibre à la colonne de mercure de la branche ouverte du siphon et de la pression atmosphérique. Si on refroidit l'eau du bain, on voit disparaître la vapeur et la goutte d'éther se reforme à nouveau.

« Dans cette expérience, le passage à l'état de vapeur ne s'opère que lentement, la pression atmosphérique étant un obstacle à la vaporisation. Mais il n'en est plus ainsi lorsque les liquides sont placés dans le vide. Pour le démontrer, on fait plonger plusieurs tubes barométriques dans une même cuvette ; ces tubes étant remplis de mercure, on en conserve un pour servir de baromètre, puis on introduit dans les autres quelques gouttes d'eau, d'alcool, d'éther. On remarque qu'à l'instant même où, dans chacun de ces tubes, le liquide pénètre dans le vide barométrique, le niveau du mercure s'abaisse. Il y a eu, en effet, production instantanée de vapeur dont la force élastique a refoulé la colonne mercurielle. » (D'après GANOT.)

État sphéroïdal. — Lorsque l'eau est mise en contact avec une surface métallique surchauffée, elle s'entoure aussitôt d'une atmosphère de vapeur qui l'empêche de venir au contact du métal et elle prend alors, si elle est en petite masse, une forme atmosphérique : c'est ce que M. Boutigny a appelé l'état sphéroïdal.

Pour projeter l'expérience, on se sert d'une coupelle de platine mince dont le fond doit être très légèrement aplati ; on dispose cette coupelle renversée devant le condensateur, c'est-à-dire de manière que la partie convexe soit en dessus, et on chauffe avec une lampe à l'alcool. Lorsque la température a atteint au moins 200°, on dépose doucement une goutte d'eau sur le sommet de la coupelle à l'aide d'une pipette à paraffine. on la soutient un instant pour l'empêcher de glisser, et, lorsque l'état sphéroïdal est nettement accusé, on retire la pipette d'un brusque mouvement. On voit alors sur l'écran une mince ligne de lumière passant entre la coupelle et la goutte, et celle-ci est animée d'un mouvement de trépidation très marqué. On éteint alors très doucement la lampe, l'état sphéroïdal se maintient un instant, puis, par suite du refroidissement du métal, l'eau vient au contact et se résout brusquement en vapeur. (MOL-TENI.)

M. Pellin a combiné tout un dispositif qui permet d'exécuter facilement cette belle expérience.

Froid dû à l'évaporation : congélation du mercure. — On sait que lorsqu'un liquide se vaporise, une quantité considérable de chaleur est absorbée, à l'état latent, par la vapeur qui se dégage. Il résulte de là que si un liquide qui s'évapore ne reçoit pas une quantité de chaleur équivalente à celle qui est absorbée par la vapeur, sa température s'abaisse, et le refroidissement est d'autant plus grand que l'évaporation est plus rapide.

L'on peut ainsi congeler l'eau par suite d'une évaporation très rapide et montrer le phénomène en projection. On place sur un disque de verre rodé, percé en son milieu et communiquant par un tube avec une machine pneumatique, un vase

de verre contenant de l'acide sulfurique concentré et au-
dessus une petite capsule en verre contenant quelques centimètres cubes d'eau. En faisant le vide, l'eau entre en ébullition, et les vapeurs étant absorbées par l'acide sulfurique à
mesure qu'elles se dégagent, il se produit une vaporisation
rapide qui amène bientôt la congélation de l'eau qui est dans
la capsule.

Si l'on opère avec des liquides plus volatiles que l'eau, particulièrement avec l'acide sulfureux, qui bout à —10°, on
produit un froid assez intense pour congeler le mercure. On
fait cette expérience en enveloppant de coton une boule de
verre pleine de mercure, puis, après l'avoir arrosée d'acide
sulfureux, on la place sous la cloche de la machine pneumatique, on fait le vide, et bientôt le mercure est solidifié (d'après
GANOT.).

Hydrostatique.

La plupart des expériences qui ont trait à l'hydrostatique
peuvent se faire en projection; nous en citerons seulement
quelques-unes.

La *compressibilité* des liquides se démontre expérimentalement au moyen des piezomètres; celui de M. Despretz, de
dimension suffisamment réduite, peut se placer dans la lanterne, et nous n'avons pas ici à le décrire.

La *poussée des liquides* est régie par des lois dont quelques-
unes peuvent se démontrer expérimentalement en projection.
L'appareil de Haldat est souvent assez petit pour trouver place
sur le banc à projection; nous en dirons autant du tourniquet
hydraulique.

L'expérience suivante donne d'excellents résultats. Dans une
cuve verticale pleine d'eau, on introduit un tube ouvert aux
deux bouts et dont la partie inférieure est fermée par un petit
disque en carton soutenu par un fil de soie : la pression de
l'eau maintient l'obturateur contre le tube, et si la tranche a
été bien dressée, par suite de la poussée du liquide pas une
goutte d'eau ne pénétrera dans le tube. Introduisons dans

celui-ci un peu d'eau très légèrement colorée : tant que le niveau intérieur ne sera pas parvenu à la hauteur du niveau extérieur, les deux liquides ne se mélangeront pas; dès que l'égalité de niveau sera atteinte, le disque tombera de lui-même, la poussée intérieure faisant équilibre, ou, si on préfère, annulant la poussée extérieure. (MOLTENI.)

L'équilibre des liquides dans les vases communiquants se projette également bien. Si plusieurs liquides, sans action chimique les uns sur les autres, sont mélangés, ils se superposent par ordre de densité décroissante de haut en bas. Il suffit pour montrer cet effet de mettre dans un tube d'essai de l'huile, de l'eau et du mercure; on agite et on laisse reposer. Au bout d'un instant, les trois liquides se sépareront en trois couches.

Mélange des liquides. — La diffusion et le mélange des liquides donne lieu en projection à de merveilleux spectacles dont nous indiquerons les principales variantes.

Dans une cuve verticale pleine d'eau pure, nous introduisons à la surface du liquide, à l'aide d'une pipette effilée, une goutte d'un liquide plus dense et coloré, de l'encre par exemple; en vertu de la pesanteur l'encre tend à tomber, mais ce mouvement est ralenti par la résistance de l'eau, résistance plus forte sur les bords qu'au centre, et la goutte colorée, ainsi laminée par les frottements, prend la forme d'un anneau. Le poids du liquide tend à rompre l'anneau, qui se subdivise à son tour en anneaux plus petits, et il se forme une série d'étriers soudés les uns aux autres par de minces traînées colorées, qui produisent au sein du liquide une végétation des plus intéressantes.

On varie cette expérience en déposant à la surface du liquide quelques cristaux d'aniline de différente couleur. L'eau chargée de matière colorante donne lieu au même phénomène, et, sur l'écran, des végétations de couleurs diverses se dessinent en prenant les formes les plus curieuses. On peut, au besoin, ralentir la formation et la tombée des couronnes en augmentant la densité de l'eau, soit avec un peu de gomme ou mieux avec du sucre.

Si à la surface de l'eau on dépose un petit morceau de glace,
le phénomène se reproduira, et, par suite de la différence de
densité des deux liquides, les volutes de l'eau froide, pénétrant
dans l'eau plus chaude, se traduiront en lignes bien définies
sur l'écran.

Il en serait de même si on faisait pénétrer un liquide plus
léger; mais dans ce cas la pipette, très allongée, doit descendre jusqu'au fond de la cuve; on montrera de cette façon
la diffusion de l'alcool dans l'eau.

Une variante à ces expériences consiste à remplir la cuve de
liquides de densités décroissantes. Au fond, on dépose une
solution concentrée de silicate de soude, par-dessus une solution d'eau sucrée, enfin de l'eau pure; on évite le mélange des
divers liquides en laissant la cuve parfaitement immobile et
en faisant couler doucement les diverses solutions sur les
parois de la cuve, de manière à les faire arriver au contact
sans vitesse. La cuve étant ainsi préparée, si on dépose à la
surface libre des cristaux d'aniline, le phénomène se produit
dans la première couche suivant les règles habituelles; en
arrivant au contact de la couche plus dense, il y a ralentissement de la chute, les anneaux s'épanouissent, puis recom-
mencent plus lentement à retomber, et ainsi de suite.

Diffusion. — Il est assez difficile de montrer en projection
le phénomène de la diffusion; cependant, on peut encore obtenir un effet assez net par la méthode suivante : on place au
fond de la cuvette verticale vide un petit tube rempli jusqu'au
bord d'acide chlorhydrique et on remplit très lentement la cuve
au moyen d'un tube en caoutchouc muni à la partie supérieure d'un entonnoir et dont l'extrémité touche au fond de
la cuve; aussitôt que la couche atteint le niveau du tube
plein d'acide, on voit celui-ci se diffuser dans l'eau en petits
filets.

Osmose et endosmose. — La diffusion s'opère plus facilement, plus nettement, lorsque les deux liquides sont séparés
par une membrane. On produit cet effet en plongeant dans une
cuve préalablement remplie d'eau un tube fermé dans le bas

par une membrane (bandruche, vessie) et à moitié remplie d'eau gommée et sucrée fortement. Au bout de peu de temps, on voit le niveau du liquide s'élever dans le tube, il y a endosmose de l'eau de la cuve, et en même temps exosmose de la gomme et du sucre qui pénètrent dans la cuve, ce que l'on voit très bien grâce aux traînées grisâtres qui sortent de la poche et se mêlent à l'eau.

Capillarité. — Les différentes expériences que nous allons passer en revue ont été décrites avec un soin extrême dans un livre de l'ingénieux physicien anglais, M. Charles Vernon Boys, sous le titre de *Bulles de savon*, qui n'est autre que le texte d'une série de conférences destinées à conduire graduellement l'auditeur à la conception de ce que sont les forces capillaires[1].

La forme des gouttes d'eau peut se montrer en projection de plusieurs façons. Au point de vue théorique et pour rendre palpable le phénomène de la tension superficielle, voici une expérience très nette.

La goutte d'eau simple est produite par la rupture d'une sorte de membrane superficielle qui se déchirerait lorsqu'elle ne peut plus supporter le poids de l'eau qui est au-dessus.

Il est aisé de montrer, par une analogie matérielle, que cela n'est pas un simple jeu de l'imagination. Un anneau de bois suspendu à un trépied supporte une feuille très mince de caoutchouc dans laquelle on fait arriver graduellement de l'eau; le caoutchouc se tend peu à peu, et il est remarquable de voir que cette outre réelle prend les formes successives de la goutte d'eau. En continuant à verser de l'eau, on voit que le sac se tend au point d'être près de crever; sa forme change subitement, il s'étrangle et prend exactement la forme de la goutte au moment où elle va tomber; la force de la membrane de caoutchouc la retient cependant.

D'autres expériences permettent de confirmer cette hypo-

---

1. Boys, *Bulles de savon*, traduit de l'anglais par M. Guillaume. — Gauthier-Villars, Paris, 1892.

thèse d'après laquelle l'eau se comporte comme si elle était entourée d'une pellicule élastique.

« Voici un appareil composé d'une boule creuse en verre, surmontée d'une tige de métal qui supporte un petit carré de toile métallique. Le tout est lesté de telle sorte que la toile se trouve entièrement hors de l'eau. Si notre hypothèse est exacte, la pellicule de l'eau doit résister au passage de la toile, que je maintiens au-dessous de la surface. Au moment où j'abandonne le flotteur, celui-ci, au lieu de bondir comme il le ferait sans la présence du carré de toile, reste partiellement immergé par l'adhérence du réseau à la surface de l'eau; si je courbe un coin du morceau de toile, de façon à déchirer la pellicule, le flotteur se soulève aussitôt jusqu'à son premier niveau.

« L'existence de cette sorte de membrane superficielle des liquides nous est démontrée par d'autres observations. Le fil métallique propre est mouillé par l'eau; d'autre part, il est certaines matières, la paraffine, par exemple, qui ne sont pas mouillées, c'est-à-dire touchées par l'eau; en effet, lorsqu'on plonge dans l'eau une bougie de paraffine elle en sort sèche. J'ai tendu sur un cadre un petit crible à mailles assez larges pour laisser passer une épingle de moyenne grosseur, les trous sont au nombre de onze mille environ; j'ai trempé le crible dans la paraffine fondue, puis je l'ai secoué de manière à ce que cette substance, tout en recouvrant le fil, laisse les trous vides, comme vous pouvez vous en convaincre en regardant la projection agrandie d'une partie du fond sur l'écran.

« Si je verse de l'eau dans le crible, la pellicule que nous supposons exister se tendra sur les trous et ne permettra à l'eau de passer que si elle se déchire. Pour briser le choc de l'eau, je dispose au fond du crible un morceau de papier sur lequel je verse le contenu d'un verre d'eau; j'enlève le papier et rien ne s'écoule. Si, maintenant, je donne à ce vase d'un nouveau genre une brusque secousse, de manière à distendre la membrane de l'eau, il se vide en un instant. »

Capillarité. — Toutes les expériences de capillarité, qu'il est inutile de décrire ici, se reproduisent parfaitement avec les appareils spéciaux construits par M. Pellin et que montrent l'ascension ou la dépression de l'eau et du mercure.

L'on peut également conduire l'expérience ainsi que l'a proposé M. Molteni : « Une série de tubes étroits (*fig. 94*) de diamètres différents sont maintenus verticalement dans une cuve à expériences; on verse lentement de l'eau colorée dans le fond de la cuve jusqu'à ce que le niveau du liquide affleure les tubes : à ce moment on voit l'eau se précipiter dans les tubes en montant à une hauteur d'autant plus grande que le diamètre est plus étroit. »

L'on peut également employer des lames inclinées (*fig. 95*)

Fig. 94.   Fig. 95.

en disposant dans une cuve deux lames de verre mince formant entre elles un angle aigu.

Pour réussir ces expériences il est important que les tubes ou les lames de verre soient franchement mouillées par l'eau; il est donc important de les bien nettoyer à l'avance au moyen d'alcool et d'eau.

La dépression capillaire donne lieu à une jolie expérience que voici : « Disposons devant le condensateur une cuve à demi remplie d'eau pure et déposons à sa surface deux petites balles de liège préalablement bien mouillées et exemptes de matière grasse : dès que nous les aurons suffisamment rapprochées nous les verrons se précipiter l'une vers l'autre. C'est que toutes les deux seront en quelque sorte tombées dans le creux provoqué par la capillarité; si nous éloignons l'une d'elles à l'aide d'un fil l'autre suivra.

« Déposons, au contraire, sur l'eau deux balles de cire, le phénomène inverse se produira, et, si nous essayons de rapprocher une des balles, l'autre semblera fuir. »

Le tourbillonnement du camphre à la surface de l'eau tient aussi à des actions du même genre; l'expérience se fait ainsi : « Plaçons sur l'appareil à réflexion totale une cuve horizontale que nous remplirons d'eau pure et semons à la surface de cette eau du camphre réduit en poudre. Aussitôt sur l'écran nous verrons les menus cristaux agités d'un mouvement giratoire continu. C'est que le camphre, se dissolvant peu à peu dans l'eau, crée autour de lui des effets divers de tensions superficielles qui réagissent sur ses arêtes et le font tourbillonner. Vient-on à tremper le doigt dans l'eau, tout mouvement s'arrête pour reprendre dès qu'on le retire. Cet arrêt du mouvement giratoire provient d'une action des matières grasses qui modifient la tension superficielle. »

Van Mensbrugghe a donné une forme des plus originales à cette expérience. On constitue avec du papier d'étain une petite coupelle qu'on dépose sur la surface du liquide et on joint par une paille cette coupelle à un petit bateau en papier d'étain dans l'arrière duquel est assujetti un petit morceau de camphre : le bateau doit être disposé tangentiellement à la coupelle. Par l'effet de la réaction du camphre tout l'appareil prend un mouvement de rotation dont l'axe passe par le centre de la coupelle. Vient-on à mettre le doigt dans l'eau, le bateau perd de sa vitesse et même s'arrête. Si on modifie la tension superficielle de l'eau en y versant de la vapeur d'éther, les mouvements du bateau deviennent désordonnés.

Ce phénomène, qui a exercé longuement la sagacité des chercheurs, est réellement dû à la tension superficielle; on le démontre de la façon suivante : la cuvette horizontale étant pleine d'eau pure, on dépose à sa surface un anneau de fil, qui s'étale suivant une forme irrégulière; dans l'intérieur de l'anneau on met un peu de poudre de camphre qui prend aussitôt le mouvement giratoire, mais peu à peu, au fur et à mesure que la dissolution s'opère, le fil se tend de plus en plus et finit par prendre une forme circulaire : c'est que la tension de la pellicule d'eau pure est plus forte que la tension de la pellicule d'eau camphrée.

Gouttes sphériques. — Les expériences qui viennent d'être décrites semblent montrer que les liquides sont recouverts par une membrane tendue, et il y a lieu d'admettre également qu'une goutte de liquide est enveloppée ainsi par une membrane qui cherche à prendre la plus petite surface possible.

Voici quelques-unes des expériences proposées à ce sujet par M. Boys : « Versons avec précaution une petite quantité d'eau sur un gâteau de paraffine saupoudrée avec du lycopode; le poids de la goutte la presse contre la paraffine et l'étale; mais si ce poids pouvait être enlevé elle se trouverait seulement sous l'influence de sa membrane élastique et prendrait la forme d'une sphère parfaite, parce qu'en aucun autre cas on ne peut renfermer un volume donné dans une aussi petite surface. Si nous trouvons des gouttes n'ayant que la grosseur d'une tête d'épingle leur poids est minime, tandis que la force de la pellicule reste la même dans tous les cas. Elles s'écrasent, par conséquent, beaucoup moins que les grosses gouttes et se rapprochent de la forme sphérique. »

M. Plateau a indiqué une fort belle expérience relative à ces phénomènes et qui peut se pratiquer ainsi :

Une cuve à armature métallique (*fig. 96*) est supportée par des vis calantes, son couvercle est percé d'une ouverture pour introduire les appareils destinés aux expériences; elle contient un mélange d'eau et d'alcool dans des proportions déterminées pour former un liquide dont la densité soit exactement égale à celle d'une huile quelconque que l'on colore pour la rendre plus visible et qui, introduite dans le liquide au moyen d'une pipette, prend la forme sphérique. Cette forme sphérique peut être modifiée par l'emploi de petites charpentes métalliques mises en rotation au moyen d'une petite manivelle.

Plateau a démontré avec cet instrument qu'une goutte de liquide, mise dans des conditions telles qu'elle échappe à la

pesanteur, prend la forme d'un solide ayant la surface minimum, c'est-à-dire la forme sphérique.

La cuve est remplie du mélange d'eau et d'alcool, puis au
moyen d'une pipette on dépose délicatement à l'intérieur du
liquide une grosse goutte d'huile : elle devient immédiatement
sphérique; si on la déforme en la comprimant, en la frappant
avec une tige de verre, elle reprend aussitôt sa forme lorsque
l'on cesse toute pression.

Cette expérience ne réussit parfaitement que lorsqu'on y met

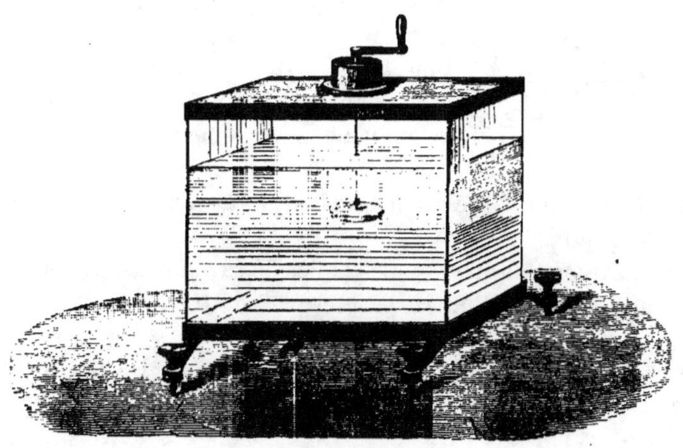

Fig. 96.

tous les soins nécessaires. L'huile d'olive remplit très bien le
but, à la condition de subir une épuration qui consiste à la
secouer dans une bouteille avec un mélange de 9 parties en
volume d'alcool avec 7 parties d'eau. Après un jour de repos
elle peut servir à l'expérience. On verse alors dans la cuve
une partie du mélange d'eau et d'alcool, puis on introduit doucement, à l'aide d'un tube plongeant dans la solution, quelques gouttes à mi-hauteur du liquide. Une goutte d'huile reti-
rée de la bouteille au moyen d'une pipette est introduite avec
précaution dans le verre; on achève de régler l'expérience en
ajoutant, suivant les besoins, un peu d'eau au fond de la cuve
ou d'alcool à la surface. Lorsque l'huile flotte au milieu du

liquide, on peut y introduire, avec la pipette, la quantité nécessaire à l'expérience, en prenant bien garde de lui laisser toucher les parois du verre.

L'expérience la plus curieuse est celle qui consiste à traverser la sphère suivant son diamètre avec une tige droite et à
lui imprimer un mouvement de plus en
plus rapide (*fig. 97*).

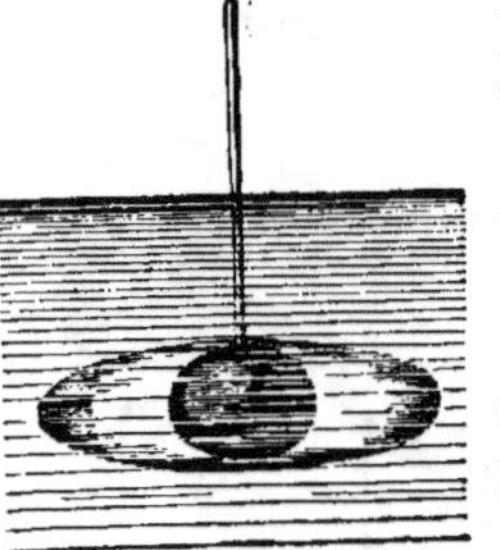

On voit bientôt la sphère s'aplatir par
l'effet de la force centrifuge, puis la
masse se séparer en deux parties, l'une
intérieure, qui conserve la forme d'un
sphéroïde aplati, l'autre annulaire, reproduisant le phénomène que présente
la planète Saturne entourée de son
anneau.

Fig. 97.

Le disque doit être trempé dans l'huile avant d'être mis
dans la goutte.

Membranes liquides. — Les bulles de savon peuvent donner
un autre exemple d'un corps presque soustrait à l'effet de la
pesanteur.

Avant de décrire les expériences au moyen des bulles de
savon, il est bon de donner quelques indications sur les liquides
à employer.

M. Boys a donné à ce sujet les détails suivants. Pour préparer le liquide pour les bulles de savon, l'oléate de soude pur
et frais est préférable au savon ordinaire (savon de Marseille)
qui lui-même vaut infiniment mieux que les savons de toilette.
L'eau de savon suffit pour quelques expériences, mais, lorsque les bulles doivent se maintenir longtemps, une solution de
savon seul est généralement insuffisante. Plateau recommande
d'ajouter à l'eau de savon de la glycérine, qui augmente beaucoup la durée des membranes. La glycérine doit être pure. Il
est nécessaire de faire la solution avec de l'eau de pluie et
mieux de l'eau distillée.

Voici la manière de préparer la solution. Remplir aux trois
quarts une bouteille avec de l'eau distillée, ajouter 1/40 d'oléate

de soude et laisser dissoudre, ce qui demande une journée environ; achever de remplir avec de la glycérine pure et bien agiter, ou verser et renverser d'une bouteille dans une autre; laisser reposer le mélange pendant une semaine à un endroit sombre, puis décanter avec un siphon en laissant l'écume; enfin, ajouter trois ou quatre gouttes d'ammoniaque par litre. Il ne faut ni chauffer, ni filtrer. La bouteille doit être gardée bien bouchée, à un endroit sombre et frais, et n'être débouchée que pour remplir, selon les besoins, une bouteille plus petite que l'on emploie pour les expériences. Les résidus ne doivent pas être reversés dans la provision. D'une manière générale, il ne faut jamais laisser le liquide exposé à l'air plus que le temps strictement nécessaire à l'opération. La solution ainsi conservée est encore très bonne au bout de deux ou trois ans.

Pour supporter les bulles, les anneaux doivent avoir un diamètre de 5 centimètres environ et être soudés de manière à ne pas former d'angles vifs. Les petits anneaux qui sont destinés à être supportés par les bulles doivent être aussi légers que possible; le mieux est de les faire avec du fil d'aluminium de $0^{mm}3$ à $0^{mm}4$, dont les extrémités sont tordues ensemble. Les anneaux doivent être humectés d'eau de savon avant de servir et doivent être bien nettoyés et séchés après l'emploi.

Nous décrirons maintenant quelques-unes des expériences les plus intéressantes de M. Boys.

Il est facile de démontrer qu'une membrane liquide est élastique à la manière d'une feuille de caoutchouc. L'on prend un anneau métallique, préparé comme nous l'avons dit, sur lequel on attache aux extrémités d'un diamètre un fil de soie non tendu; l'on plonge le tout dans l'eau de savon, et, lorsqu'on l'en retire, l'anneau apparaît rempli par une mince membrane, sur laquelle le fil se meut librement. Si l'on crève la membrane d'un côté du fil, celui-ci, tiré en arrière par la moitié restante, forme une courbe qui n'est autre qu'un arc de cercle; en effet, la pellicule d'eau de savon tend à prendre une superficie aussi faible que possible et à rendre le plus grand possible l'espace vide. Dans un second anneau le fil sera mis en double sur une partie de sa longueur ; en brisant la pellicule entre les deux fils, on les voit immédiatement former une circonférence parfaite.

« Je souffle maintenant une bulle et je la fixe sur un anneau de métal ; j'y suspends un petit anneau et j'introduis un peu de fumée dans la bulle, que je crève ensuite à l'intérieur de l'anneau : aussitôt la bulle se contracte, chassant la fumée au dehors et soulevant l'anneau. Ces deux actions nous montrent la nature élastique de la membrane. Si je produis une bulle à l'extrémité évasée d'un petit entonnoir, l'air est chassé au dehors dès que je cesse de souffler ; on le montre aisément en dirigeant le jet sur la flamme d'une bougie que l'on parvient à éteindre en se servant d'un entonnoir à goulot assez long. »

C'est également par un effet de tension superficielle que l'on voit se former au sein de carcasses géométriques de fil de fer des séries de lames se découpant toujours suivant des formes régulières et bien définies. Si l'on trempe dans de l'eau de savon un cube en fil de fer, ou bien un tétraèdre, et qu'on le retire brusquement, il se formera un assemblage de lames transparentes. Quelle que soit la complication de la carcasse, on ne voit jamais plus de trois membranes se couper le long d'une arète.

Toutes ces figures se projettent très bien à la lanterne.

On peut également engendrer des systèmes très compliqués en insufflant de l'air dans de l'eau de savon. Toutes les particularités de ces systèmes peuvent être aisément observées. On peut même faire des mesures d'angles s'ils sont produits entre deux plaques parallèles. On pourra employer dans ce cas les cuves verticales en verre, qui se placent dans la lanterne à projection du cinématographe.

On remplit la cuve d'eau de savon, et à l'aide d'un tube à très petite ouverture et qui plonge jusqu'au fond, on souffle par intermittences dans le liquide. On donne lieu alors à la formation de nombreuses bulles, qui s'accolent les unes aux autres, en formant une sorte de mosaïque à sections hexagonales, irrégulières, et qui ressemble à s'y méprendre à une coupe pratiquée dans un tissu végétal ; les bulles simulent des cellules.

Cette coexistence des bulles peut donner lieu à d'autres expériences ; nous laissons la parole à M. Boys :

« J'ai placé une première bulle sur un anneau, et j'en souffle une seconde au bout d'une pipe ; je puis les presser l'une contre l'autre, elles restent séparées.

Je place une nouvelle bulle sur un anneau trop étroit pour la laisser passer ; d'autre part, je tiens un anneau portant une membrane obtenue en versant une bulle que j'avais déposée sur lui ; si je presse doucement la bulle avec la membrane, je puis la faire passer à travers l'anneau, et cependant les deux membranes ne sont pas réunies.

Cette expérience peut être variée de bien des façons. Je suspends une bulle à un anneau, puis je fixe à la bulle une autre petite bague qui lui donne une forme allongée ; j'introduis un tube à travers l'anneau supérieur, et je souffle une bulle qui tombe doucement et se pose sur la bulle extérieure, le long d'un cercle situé à une certaine hauteur ; enfin, j'enlève les gouttes lourdes qui se sont rassemblées à la partie inférieure des bulles. Je puis maintenant exercer une légère traction sur l'anneau inférieur et allonger la bulle extérieure qui comprime l'autre de manière à lui donner une forme ovoïde. J'enlève l'anneau, et les deux bulles redeviennent parfaitement rondes. Je retire l'air de la bulle extérieure jusqu'à ce qu'on voie à peine un intervalle entre les membranes, puis j'introduis de nouveau de l'air, et en soufflant un peu fort, je montre d'une manière évidente que les bulles ne se touchent pas ; la bulle intérieure tourne au centre de l'autre, et, lorsque je verse celle-ci, elle s'envole comme si elle n'avait pas été traitée d'une façon particulière. »

L'on peut rendre ces expériences plus brillantes en faisant dissoudre dans l'eau de savon une très petite quantité de fluorescéine.

Tension superficielle des liquides. — La tension superficielle se montre très bien dans la formation des gouttes d'eau au moyen de l'expérience suivante : « Si devant le condensateur on dispose un petit entonnoir terminé par une pointe effilée et qu'on mette dans cet entonnoir quelques gouttes d'eau colorée, on verra sur l'écran une petite masse se former à l'extrémité du tube ; elle grossira peu à peu et prendra une forme allongée ; enfin, elle s'étranglera près de l'orifice pendant que le reste de la goutte tendra à prendre la forme sphérique ; enfin, elle se détachera et une nouvelle goutte se formera à son tour. » (Molteni.) Il semblerait que la goutte d'eau est enveloppée par une membrane et qui n'est autre que la tension superficielle.

Celle-ci varie avec les différents liquides, ce que l'on peut démontrer ainsi : « Dans une cuvette horizontale placée dans l'appareil à réflexion totale, nous disposons une mince couche d'eau colorée par un peu d'aniline : on observe alors sur l'écran une teinte uniforme. Versons au centre de la cuvette quelques gouttes d'alcool, qui, plus léger, a par suite une tension superficielle plus faible, aussitôt l'équilibre de tension superficielle de l'eau est rompu ; tandis que l'eau cherche à se masser sur les bords, l'alcool tend, au contraire, à se resserrer sur lui-même ; la plus forte tension de l'eau l'emporte et il se forme une déchirure dans la.couche qui se manifeste sur l'écran par une large ouverture blanche. » (Molteni.)

La veine liquide. — Ici encore la tension superficielle est la force première qui régit les formes que la veine liquide prend dans l'air.

M. Molteni a disposé pour ces expériences un modèle de fontaine de Colladon (*fig. 98*) qui donne d'excellents résultats.

On pourra varier les ajutages de manière à avoir diverses formes de veine liquide, et on orientera l'appareil de manière que la veine passe dans un plan parallèle au condensateur, on garnira le robinet de la fontaine d'un tube de caoutchouc faisant syphon et communiquant avec un vase surélevé de 15 à 25 centimètres au plus. On réglera, du reste, le débit du robinet de telle façon que le jet reste compris dans l'espace limité par le bassin inférieur; on obtiendra facilement ce résultat en ouvrant plus ou moins le robinet.

On voit sur l'écran l'eau tomber en formant d'abord une colonne liquide pleine, puis, la pesanteur étant plus forte que la tension superficielle, la colonne prend une forme ondulée et se rompt ensuite en une multitude de gouttes qui s'espacent de plus en plus. La persistance de la vision ne permet pas de nous rendre un compte exact de cette division et le jet paraît continu; mais si on place sur la bonnette de l'objectif un stroboscope et qu'on lui donne un mouvement de rotation convenable, les gouttes paraissent immobiles dans l'espace, et il sera dès lors possible d'analyser le phénomène.

Cette veine liquide est très sensible aux vibrations de

Fig. 98.

l'air environnant. En effet, si on fait entendre non loin d'elle un coup de sifflet aigu, on verra l'espacement des gouttes augmenter, et celles-ci, mises en vibration, sembleront s'aplatir, laissant entre elles de plus petites gouttes.

La forme de l'orifice d'écoulement a une grande influence sur la forme même de la veine liquide; elle garde assez longtemps la section que lui a donnée l'orifice, qui l'a en quelque sorte laminée. Un orifice rond donne un jet cylindrique, un orifice en forme de croix lui donne une forme à quatre arêtes et le jet se tord sur lui-même, de telle sorte que les arêtes sont disposées en une sorte d'hélice. Il en est de même si l'orifice a une forme triangulaire. Ces divers aspects de la veine sont nettement perçus à l'aide du stroboscope. On monte alors l'appareil sur un pied spécial et on donne un peu de pression à l'eau; pour que le jet soit plus visible sur l'écran, on colore l'eau avec un peu de fluorescéine. (Molteni.)

CHAPITRE II.

L'acoustique en projection.

La plupart des phénomènes de l'acoustique peuvent se reproduire en projections, et les vibrations sonores se montrent facilement ainsi que les effets qu'elles produisent au moyen du dispositif suivant. On met dans la lanterne un verre à boire à parois très minces, en le tenant renversé; on attache au pied un fil de soie terminé par une petite boule de sureau; la longueur du fil doit être telle que la boule vienne toucher le bord du verre. Si on frappe un coup très léger sur le verre, il donne un son et la boule de sureau exécute une série de sauts provoqués par les vibrations du verre.

L'on peut également faire vibrer un diapason placé dans la lanterne, et le flou de l'image projetée montre ses vibrations.

Au moyen d'une sirène, il est possible de compter ces vibrations; et à la condition de choisir un petit modèle, l'on peut faire l'expérience et montrer en projection la marche des aiguilles de l'instrument.

Les vibrations des cordes sont très faciles à projeter. On tend sur un cadre de 25 à 30 centimètres une corde de violon filée, et on la dispose au foyer du condensateur. Au moyen d'un archet on fait vibrer la corde; à l'aide d'un chevalet mobile, semblable à celui des violons, on peut raccourcir plus ou moins la partie vibrante de la corde, et on la voit alors se diviser en un certain nombre de parties renflées en forme de fuseaux et produisant des nœuds et des ventres. En disposant sur ces points de petits cavaliers en papier, on voit qu'ils restent immobiles sur les nœuds et qu'ils sont jetés en l'air lorsqu'ils sont aux points des ventres.

M. A. Duboscq a combiné un support universel ou électro-diapason permettant d'inscrire et de montrer en projection les mouvements vibratoires [1].

Ce support permet de disposer les diapasons de manière à répéter un grand nombre d'expériences avec le même appareil. Il se compose (*fig. 99*) d'une tige cylindrique verticale A, le long de laquelle se déplace une douille munie d'une sorte de cornière fixée à une coulisse horizontale B, sur laquelle glisse le diapason. La cornière peut tourner autour d'un axe horizontal O et se fixer au moyen d'une pince de serrage. Le diapason se place sur un support C glissant sur la coulisse. Cette disposition permet donc de fixer le diapason à une hauteur variable et dans un azimut quelconque, d'approcher ou d'éloigner ses extrémités d'un point déterminé, et de placer le sens des vibrations dans un plan vertical, horizontal ou oblique.

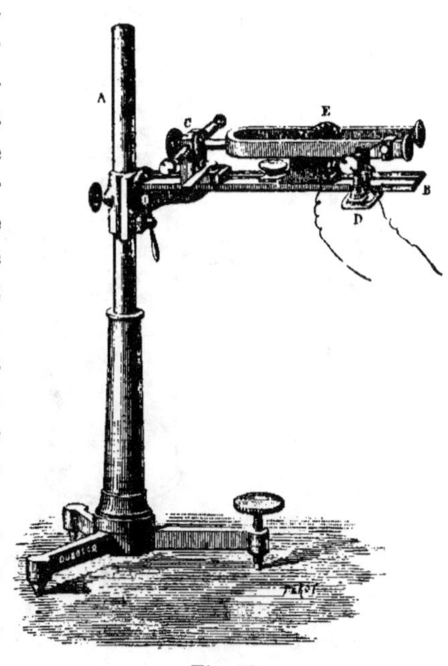

Fig. 99.

Les vibrations du diapason sont entretenues électriquement par un système analogue à celui de M. Mercadier..... A cet effet, un électro-aimant E et un interrupteur D glissent le long de la coulisse, le premier intérieurement et le second extérieurement aux branches du diapason. Un style attaché à une petite pince s'adapte sur l'une des branches en regard de l'interrupteur. Le courant entre par l'électro-aimant, passe du diapason par le style et retourne à la pile.

1. Voir *Journal de physique*, 1839, p. 60.

On place sur les branches du diapason des pinces ou curseurs portant : des glaces noircies, des styles inscripteurs, des miroirs, contrepoids, lentilles, etc., servant à la projection des figures de M. Lissajous, des expériences de Melde, à l'inscription de deux mouvements vibratoires parallèles ou rectangulaires produisant un intervalle déterminé ou des battements, etc. Cet appareil peut servir de chronoscope et de phonoptomètre.

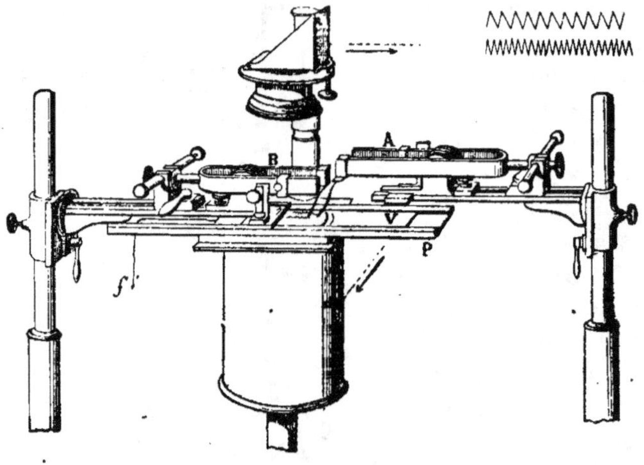

Fig. 100.

Les figures de Lissajous se projettent très bien avec les appareils spécialement construits à cet effet par M. Pellin.

On emploie deux diapasons (*fig. 100* et *101*) qu'on met à hauteur convenable. Les vibrations sont entretenues électriquement au moyen d'une bobine en fer doux E ; cette bobine glisse dans le support du diapason et peut occuper différentes positions ; des masses mobiles permettent de faire varier le nombre des vibrations ; une division indique la position qu'elles doivent occuper.

Pour faire l'expérience, on fait vibrer les deux diapasons, l'un dans le plan vertical, l'autre dans le plan horizontal ; tous deux sont munis de miroirs aux extrémités de leurs branches.

Un des miroirs de chaque diapason sert pour l'expérience, l'autre est simplement destiné à maintenir l'équilibre. On envoie sur l'un des miroirs du premier diapason un pinceau de lumière parallèle limité par un diaphragme de 4 ou 5 millimètres. Ce pinceau est réfléchi sur le miroir et renvoyé sur le

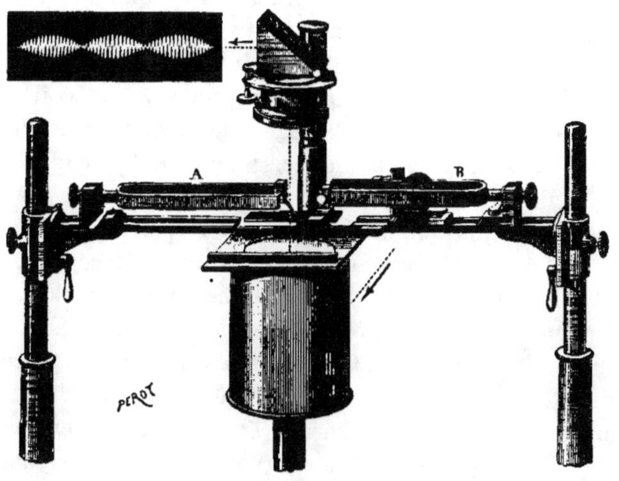

Fig. 101.

miroir du second diapason, qui, à son tour, le renvoie sur l'écran ; une lentille placée sur le trajet donne sur l'écran une image du trou.

La combinaison des deux mouvements rectangulaires amène l'image réfléchie par le second miroir à décrire sur l'écran une très belle courbe et de forme spéciale pour chaque intervalle musical ; avec l'unisson, l'octave, la quinte et la quarte on obtient la figure 102.

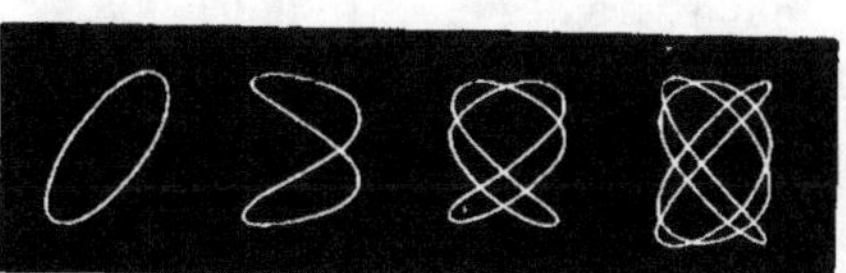

Fig. 102.

La figure 100 indique la disposition de l'appareil pour l'inscription de l'intervalle des sons donnés par deux diapasons.

Sur l'appareil à projection verticale l'on fixe un charriot dans lequel on place une glace noircie au noir de fumée et que l'on fait glisser d'un mouvement uniforme lorsque les deux diapasons vibrent.

La figure 101 indique l'inscription et la projection des battements lorsque les deux diapasons, l'un portant un style et l'autre la plaque noircie, ne vibrent pas exactement à l'unisson.

Vibrations des plaques. — Les figures de *Chladni* peuvent se montrer en projection au moyen du dispositif suivant. Au-dessus du condensateur de l'appareil à réflexion totale, on place une plaque de verre en la pinçant par un coin dans un étau muni de plaques de liège : les bords de la plaque doivent être soigneusement doucis; l'on peut prendre pour cela une demi-plaque à bords rodés préparée pour la photographie. Au moyen d'un tamis, on répand à la surface de la plaque une légère couche de poudre de lycopode, puis on fait vibrer la plaque au moyen d'un archet de violon. Sous cette action, la poudre abandonne les parties vibrantes et s'accumule sur les lignes nodales. On peut varier cette expérience en faisant usage d'une plaque vibrante ronde percée en son milieu, et que l'on fait vibrer en l'attaquant au centre avec l'archet; l'on déplace aussi les lignes nodales en touchant la plaque en certains points.

Mais voici une description encore plus complète que nous empruntons au travail intitulé : *Projection des figures de Lissajous avec des différences de phase variables à volonté,* par M. Crova[1].

Je me sers des électro-diapasons de M. Mercadier montés sur le support universel de M. Duboscq *(fig. 103),* qui permettent de projeter des figures de grandes dimensions et d'une manière très commode.

Pour faire varier à volonté la période de vibration d'un diapason dans des limites très restreintes, je fais usage d'un électro-aimant supplémentaire placé entre les extrémités des branches du diapason et mobile au moyen d'une vis dans une direction perpendiculaire au plan de ses deux branches. Il est

1. *Journal de physique,* 1881, t. X, p. 253.

ainsi facile de faire varier à volonté sa position, et, par suite, l'attraction exercée par cet électro-aimant supplémentaire, que j'adapte au diapason qui donne le son fondamental.

Voici la disposition des expériences. Le premier diapason, celui qui donne le son fondamental, est muni, vers le milieu de sa longueur, d'une bobine fixe qui reçoit le courant intermittent provenant du style interrupteur et qui entretient les vibra-tions; il porte vers son extrémité la bobine mobile qui peut recevoir, au moyen d'une clef de Morse, un courant permanent fourni par une pile séparée.

Le second diapason ne porte que la bobine qui entretient ses vibrations.

Projetons l'ellipse de l'unisson, après avoir légèrement déplacé vers la base du diapason le support du style interrupteur, de manière à rendre la vibration du premier diapason un peu plus rapide que celle du second.

Nous verrons l'ellipse se

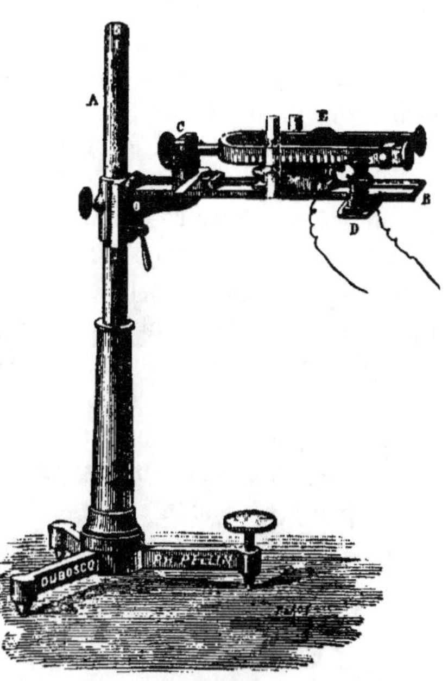

Fig. 103.

déformer lentement dans le sens direct. Mais, si nous lançons le courant permanent dans la bobine supplémentaire, nous verrons la déformation se ralentir, s'arrêter ou se produire en sens inverse, selon la position que nous donnerons à cette bobine; pour une certaine position, la figure sera immobile.

Cessant d'appuyer sur la clef de Morse, la figure se déformera lentement, et, en appuyant de nouveau, nous l'immobiliserons dans telle phase qu'il nous plaira.

Ces expériences sont très faciles à faire et rendent de grands services pour la démonstration.

C'est surtout pour les intervalles d'octave, de quinte d'octave, de quarte et de quinte que cette méthode est utile. Il est souvent difficile d'immobiliser ces figures compliquées ; l'emploi de l'électro-aimant permanent m'a permis d'arriver d'emblée à immobiliser la figure de tierce majeur, qui est très compliquée, et de la fixer invariablement à une phase quelconque.

On peut aussi démontrer l'influence de l'amplitude sur la période de vibration.

Pour cela, le premier électro-diapason exécutant des vibrations d'amplitude considérable et étant rigoureusement accordé au moyen de l'électro-aimant permanent sur le second, on obtient une figure inscrite dans un carré si les amplitudes sont égales. Après avoir amorti le second, on le met de nouveau en vibration en rétablissant l'interrupteur : l'amplitude croît et finit par atteindre sa valeur primitive. On voit alors la figure, très aplatie au début, se déformer de plus en plus lentement, en passant par les figures caractéristiques des différences successives de phase, et se fixer quand les amplitudes sont devenues à peu près égales.

On peut faire des expériences analogues sur la composition parallèle.

Les deux diapasons étant à l'unisson, on projette sur l'écran le trait fixe résultant. Si on actionne l'électro-aimant permanent, on voit le trait se contracter et se dilater alternativement, en même temps que l'oreille entend les battements synchrones. On ralentit ou l'on accélère les battements en déplaçant l'électro-aimant permanent ; on les supprime et on fixe le trait en interrompant le courant.

Enfin, on peut faire une série d'expériences très instructives en actionnant les deux électro-diapasons par le même courant. Il faut, pour cela, employer comme interrupteur le diapason le plus grave et serrer l'interrupteur du second, de manière à rendre le contact permanent. Le premier diapason excitera le second, pourvu que le nombre de vibrations du second soit un multiple entier du nombre de vibrations du premier. Si les diapasons sont bien accordés (dans ce but, l'électro-aimant permanent peut-être utilisé), dès que le premier diapason vibre, le second se met à vibrer spontanément, et on obtient une figure fixe.

Cas de l'unisson. — L'accord étant rigoureux sous des amplitudes égales et assez grandes, on amortit avec la main le second diapason, et la figure se réduit à une ligne droite; abandonnant ce diapason à lui-même, il entre spontanément en vibration; la figure, très aplatie au commencement, est une ellipse à deux axes rectangulaires; mais à mesure que l'amplitude augmente l'ellipse se déforme en s'inclinant et se rapproche d'autant plus de la droite inclinée correspondant à une différence de phase nulle que l'accord est plus vigoureux.

Si les diapasons ne sont pas d'accord exactement, le premier vibrant fortement et le second, préalablement amorti, étant abandonné à lui-même, on obtient, comme précédemment, l'ellipse très aplatie au début; mais, le temps croissant, l'ellipse se déforme et oscille en s'inclinant dans deux sens alternativement contraires. Si le désaccord est trop fort, le second ne vibre pas; si, au contraire, il est presque insensible, la figure partant de l'ellipse très aplatie à deux axes rectangulaires s'agrandit en se déformant lentement et finit par prendre la forme d'une ellipse inclinée qui se rapproche d'autant plus de la droite inclinée correspondant à une différence de phase nulle que l'accord est plus près d'être absolu.

Cas de l'octave. — Le diapason excitateur étant toujours celui du son fondamental et sa vibration étant très forte, on abandonne le second à lui-même. Celui-ci entre immédiatement en vibration et donne la courbe en forme de 8, très aplatie au début. La figure se renfle peu à peu en se déformant et finit, si l'octave d'accord est rigoureux, par se fixer à la forme paraboloïde, qui correspond à une différence de phase nulle.

Si l'accord n'est pas absolument rigoureux, on obtient au début la courbe en forme de 8 très aplatie; la figure s'agrandit peu à peu en se déformant et finit par prendre une forme invariable, qui se rapproche d'autant plus de la forme paraboloïde ci-dessus que l'accord est plus près d'être rigoureux.

Vibration des membranes. — Les membranes donnent aussi naissance à des lignes nodales ; on les produit aisément en fixant sur un cadre ou carré un morceau de baudruche mouillée, qui se tend en séchant. Convenablement placée dans l'appareil à réflexion totale et couverte de lycopode comme dans le cas précédent, cette membrane se couvre de lignes ondulées de lycopode lorsque l'on fait vibrer un timbre dans le voisinage de l'appareil.

CHAPITRE III.

ÉLECTRICITÉ.

L'électricité en projection.

La plupart des phénomènes électriques peuvent se projeter à la condition toutefois de faire usage d'instruments de volume suffisamment réduit pour trouver place dans la lanterne. Nous indiquerons seulement quelques expériences.

L'on démontre les propriétés des aimants de la manière suivante : « Sur le condensateur de l'appareil à réflexion totale, système Molteni, ou sur la glace transparente, système Duboscq, on dispose une lame de verre, au milieu de laquelle on met un petit barreau aimenté. A l'aide d'un tamison répand sur la lame de la limaille de fer et aussitôt cette limaille est attirée et se ramasse aux deux extrémités *(fig. 104)*, tandis que, au centre du barreau, on ne remarque aucune attraction. On facilite le mouvement des limailles en frappant

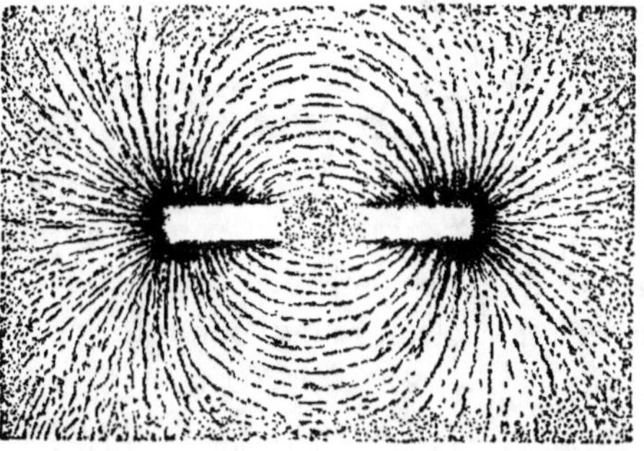

Fig. 104.

légèrement sur un des coins de la plaque de verre ; si on souffle avec force, on chasse toute la limaille non attirée et les deux extrémités ou pôles du barreau restent couverts de houppes soyeuses. (Molteni.)

La figure 108 montre les plaques préparées à cet effet par

M. Pellin, et montrant les effets des barreaux aimantés (boussole).

Les diverses expériences sur les solénoïdes se font très bien en projections, sans qu'il soit besoin d'entrer dans les détails à ce sujet.

La figure 105 montre le galvanomètre de projection de M. Pellin sur lequel est placée la cuve à aimant central de M. Bertin, pour la rotation électro-magnétique des liquides.

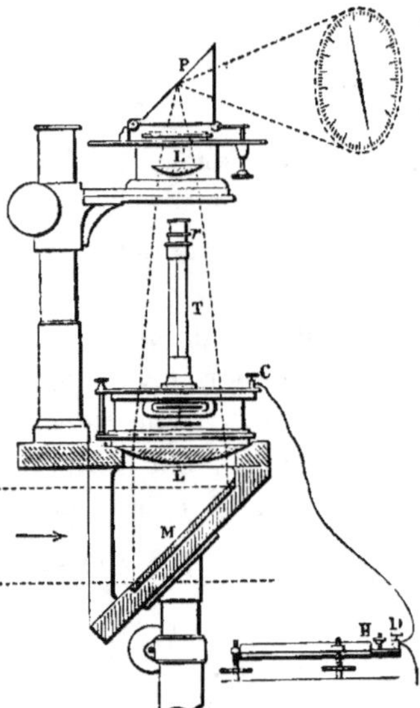

Fig. 105.

Cet appareil se compose d'une cuve annulaire à fond de verre et à parois de cuivre dans laquelle on met de l'eau acidulée (1/40 d'acide sulfurique et 1/40 d'acide azotique), on fait passer le courant; un aimant cylindrique peut s'introduire par le bout dans un anneau central, de telle sorte que le liquide soit tantôt au-dessous de l'aimant, tantôt entre les deux pôles. La rotation se produit avec une grande rapidité; elle est rendue visible par du licopode que l'on a tamisé à la surface du liquide.

La figure 106 représente un appareil également dû à M. Bertin; il est destiné à montrer la rotation électro-magnétique des liquides dans les anneaux creux.

Cet appareil se compose d'une bobine creuse, contenant un anneau de fer doux également creux, dans son intérieur est un vase annulaire contenant l'eau acidulée saupoudrée de lycopode.

Les communications sont établies de manière à faire passer le courant électrique dans l'électro-aimant et dans le vase. Dès que le courant passe, le liquide tourne faiblement, mais sa rotation augmente si on enlève le fer doux. Elle diminue de nouveau si on ne place le noyau et, si ses dimensions sont convenables, elle s'arrête tout à fait [1].

Les expériences que l'on peut faire avec les électro-aimants demandent à être produites avec de très petits instruments. « On constituera un parfait électro-aimant en enroulant un fil de cuivre très fin, recouvert de soie, autour d'un fil de fer doux ; si petit que soit un tel appareil, fortement grossi par la lanterne, il donnera des effets parfaitement perçus par l'auditoire.

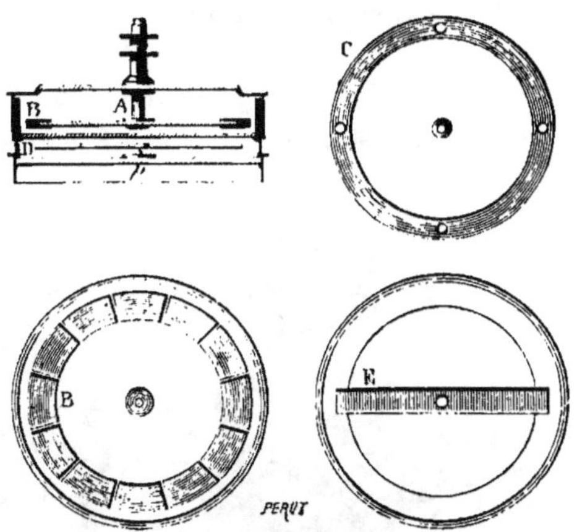

Fig. 106.

« Parmi les nombreuses expériences, nous signalerons la suivante : on remplit une cuvette verticale de glycérine et on y projette de la limaille de fer ; celle-ci tombant avec lenteur dans ce milieu dense, on voit sur l'écran comme une chute de neige noire. Si on introduit dans le liquide un électro-aimant droit dont le noyau a été prolongé, dès que le courant passe la chute des limailles s'arrête, et celles-ci viennent se disposer, en piles régulières, à l'extrémité du noyau, formant un spectre magnétique ; en interrompant le courant, les figures se déforment pour se reformer à une nouvelle émission de courant. » (Molteni.)

Plusieurs modèles de galvanomètres de projections ont été construits : l'un, celui de M. Pellin, se place dans l'appareil à réflexion totale [2].

---

1. Voir *Société de physique*, 5 avril 1878.
2. *Journal de physique*, 1876, p. 218.

Ce galvanomètre, en principe, ne diffère en rien des galva
nomètres connus. Il est à gros fil et trouve son application
immédiate dans l'étude de la chaleur rayonnante. On verra,
dans la description succincte que j'en donne plus loin, que l'on
peut diminuer sa sensibilité et l'appliquer à la démonstration de l'action des courants hydro-électriques sur l'aiguille
aimantée.

Ce galvanomètre à projection, comme son nom l'indique,
n'est pas un instrument de recherches; il est destiné à faciliter

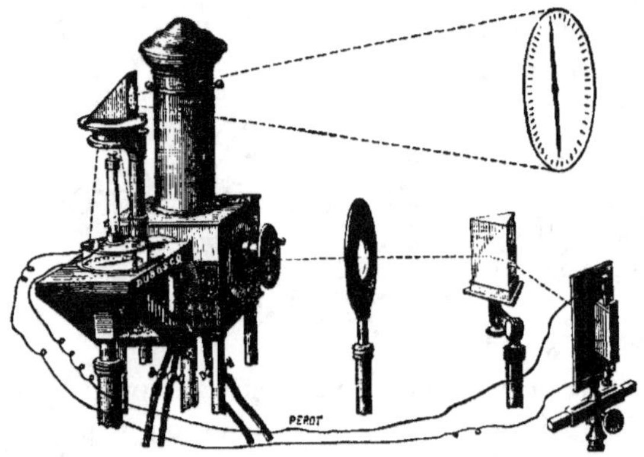

Fig. 107.

aux professeurs la démonstration soit de la présence d'un
courant, soit du rapport entre la force électro-motrice d'une
source électrique et l'angle de déviation du système astatique.

Il se compose essentiellement :

1° D'une cage circulaire en verre dans laquelle sont logés la
bobine B et le système astatique (*fig. 107*); un écran divisé sur
glace forme le fond de cette cage; en regard des divisions se
meut une aiguille d'aluminium fixée perpendiculairement au
système astatique.

La cage est surmontée par un tube en verre T terminé à son
extrémité supérieure par un treuil *r*, sur lequel est enroulé le
fil de cocon qui supporte le système d'aiguille.

2° D'un support à vis}calantes sur lequel se place l'instrument quand on veut s'en servir directement sans en projeter l'image. La partie supérieure de ce support est formée par une surface blanchie sur laquelle se détachent les divisions du cadran. La partie inférieure, en caoutchouc durci, supporte deux bosses D soudées à deux plaques de cuivre portant les lettres H, T, hydro-électriques, thermo-électriques; ces plaques sont traversées par des tiges isolées auxquelles sont soudés les fils de dérivation.

Veut-on projeter sur un écran les déviations de l'aiguille aimantée, il suffit de placer sur l'appareil vertical le galvanomètre en reliant par de gros fils les bosses C de la bobine aux bosses D du pied ; ces dernières reçoivent toujours les fils de la pile.

Si la source électrique est faible, on laisse passer le courant directement, ce qui s'obtient en soulevant sur leurs tiges les boutons H, H ; si les courants sont plus intenses, on abaisse un des boutons H, de façon à le mettre en contact avec l'une des plaques métalliques du support et à ne faire passer qu'un courant dérivé dans la bobine du galvanomètre.

L'électrolyse de l'eau peut se démontrer de la manière suivante :

« Une cuve de verre est remplie d'eau légèrement acidulée avec de l'acide sulfurique pour la rendre plus conductrice; ce mélange doit être fait à part et à l'avance, sinon il se formerait sur les parois de la cuve de nombreuses bulles de gaz qui produiraient en projection un très désagréable effet. Dans ce mélange, on introduit deux fils de platine mis en communication avec une source d'électricité. D'autre part, il est bon d'interposer dans le courant un commutateur permettant de changer rapidement le sens du courant. Dès que celui-ci passe, on voit un des fils se couvrir de fines bulles de gaz, l'autre de bulles beaucoup plus nombreuses : le premier, au pôle positif, est de l'oxygène; le second, au pôle négatif, est de l'hydrogène. Si les fils partent du fond de la cuve et si on a renversé sur chacun d'eux de petites éprouvettes remplies d'eau acidulée, on ne tarde pas à constater que le volume de l'oxy-

gène est moitié moindre que le volume de l'hydrogène. »
(Molteni.)

Les étincelles électriques se montrent à la lanterne en mettant en communication avec une machine électrique (ou mieux
une bouteille de Leyde) et le sol une feuille de verre sur laquelle
on aura fait adhérer de la limaille de cuivre au moyen d'une
légère couche de gomme.

Pour montrer l'arc électrique, il suffit d'enlever le condensateur de la lanterne et de mettre l'objectif au point sur les
charbons.

Les tubes de Geissler projetés montreront très nettement les
effets de stratification des gaz raréfiés, etc.

CHAPITRE IV.

OPTIQUE.

La lanterne à projection est particulièrement utilisable dans la démonstration des lois de l'optique; c'est là qu'elle a été tout d'abord utilisée par les physiciens. De nombreux appareils ont été spécialement construits à cet effet, et la maison Duboscq, si remarquablement dirigée maintenant par M. Pellin, a eu de tout temps une juste réputation à cet égard.

Nous ne pouvons décrire tous ces appareils et nous nous contenterons d'en citer une partie; nous nous arrêterons seulement sur les plus importants.

Marche des rayons lumineux.

L'on peut montrer à tout un auditoire la marche des rayons lumineux en employant la cuve construite à cet effet par M. Molteni.

Cette cuve (*fig. 108*) se compose de deux parois de verre mastiquées sur une monture métallique ou assemblées à l'aide de serres joints sur une monture de bois garnie de caoutchouc. Cette cuve a 25 centimètres de haut sur 50 de long; elle est très étroite; les deux larges parois sont espacées de 8 centimètres. On la remplit d'eau pure qu'on rend translucide en y ajoutant un peu de lait ou de l'eau de Cologne; on obtient ainsi un liquide opalescent qui s'illumine fortement au passage des rayons lumineux. L'objectif de la lanterne est diaphragmé de manière à ne laisser passer que le centre du faisceau, dont les rayons sont au besoin rendus parallèles à l'aide d'une lentille plan concave.

Le faisceau lumineux est dirigé suivant l'axe de la cuve,

dans laquelle il pénètre par une des faces latérales qui, à cet
effet, est en glace ; mais il est arrêté avant son entrée par un
écran portant une fente verticale devant laquelle manœuvrent
une série de coulisseaux entaillés en V. Le faisceau parallèle
venant à tomber sur l'écran, si on tire le coulisseau du haut et
celui du bas de manière qu'il se produise deux petites ouvertures triangulaires, deux faisceaux de lumière parallèles péné-
treront dans la cuve et traceront dans le liquide opalin deux
vraies lumineuses. Mettons devant l'une des ouvertures une
petite plaque de gélatine colorée en rose pâle ou en bleu, et il

Fig. 108.

sera possible de distinguer les deux rayons dans toutes les
inflexions qu'ils pourront prendre. Ces deux filets parallèles
au sein du liquide nous prouvent déjà la marche en ligne
droite de la lumière.

Recevons un de ces rayons sur un petit miroir incliné que
nous descendrons dans la cuve, le rayon se brisera aussitôt et
prendra, après avoir frappé le miroir, une direction telle que
l'angle d'incidence sera égal à l'angle de réflexion.

Plaçons maintenant dans la cuve une lentille de manière à
faire traverser symétriquement par les deux rayons : nous
voyons ceux-ci, entrés parallèlement dans la lentille, sortir
déviés de manière à se rencontrer.

L'on peut encore combiner toute une série d'expériences qui
ont trait aux lois de la réflexion et de la réfraction.

Nous citerons également l'appareil combiné par M. Gariel et construit par M. Pellin (*fig. 109*), qui permet de montrer à un nombreux auditoire la marche des rayons lumineux, leur réflexion par les miroirs, leur réfraction à travers un prisme, leur décomposition, la formation des foyers, des miroirs et des lentilles, combinaison de foyer, etc.

L'appareil de M. Thomas permet de montrer expérimentalement les lois de la réflexion totale. On projette l'image

Fig. 109.

d'une cellule circulaire formée par une lame d'air comprise entre deux lames parallèles, immergées dans une cuve pleine d'eau ou de tout autre liquide, et mobile autour d'un axe vertical. Cette image circulaire, puis elliptique, est absolument noire pour toute valeur de l'angle d'incidence égale ou supérieure à l'angle limite L. Le rapport de ces axes pour $i = L$,

$\dfrac{b}{a} = \cos. L$, d'où on déduit l'indice du liquide $n = \dfrac{a}{\sqrt{a^2 - b^2}}$

par deux mesures linéaires.

L'on peut également montrer la réfraction, la dispersion à travers les liquides au moyen du *prisme creux à angle variable* de Pellin. Ce prisme est terminé par des faces métalliques portant des glaces planes (*fig. 110*). Celles-ci sont mobiles sur un axe; à l'intérieur de la boîte ainsi formée on introduit les liquides à expérimenter.

Pour étudier ces mêmes lois dans les milieux solides,

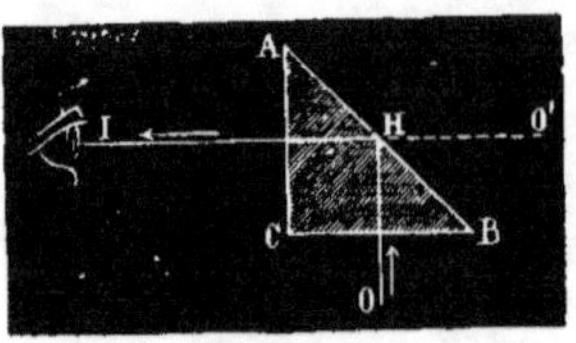

Fig. 110.

M. Pellin construit différents appareils parmi lesquels nous citerons : le diaphragme à flèche avec parallélipipède en verre qui permet de projeter les phénomènes de réfraction à travers les milieux terminés par des faces planes et parallèles, ce parallélipipède étant légèrement incliné par rapport à la direction du faisceau lumineux. Enfin, le prisme rectangulaire en crown (*fig. 111*), donnant la reflexion totale, monté dans une armature permettant de mettre ses arêtes verticales ou horizontales, supportée par une colonne à rentrants.

L'étude des lentilles peut se faire d'une manière très élégante au moyen de la lanterne à projection sans que nous ayons à rappeler les lois de la formation des images que donnent tous les traités de physique; mais nous transcrivons la démonstration très élégante qu'a donnée M. Wallon des qualités et des défauts des objectifs photographiques, démonstration entièrement faite au moyen de projections[1].

Fig. 111.

Qu'est-ce qu'un objectif photographique? Un système plus ou moins compliqué, formé de lentilles à faces sphériques. Pourquoi est-il compliqué? Il semble, au premier abord, qu'il suffirait d'une lentille unique. On apprend, dans l'Optique géométrique élémentaire, qu'une lentille peut faire converger en un point tous les rayons lumineux issus d'un point unique

1. Voir *Conférences du Conservatoire des Arts et Métiers*, 1893.

et en donner ainsi une image. Cela est établi comme une conséquence immédiate des lois de la réfraction, et l'on est même amené à déduire de ces lois que d'un objet plan, perpendiculaire à son axe, une lentille convergente donne une image plane perpendiculaire à l'axe. Prenons donc un objet remplissant ces conditions : une photographie positive sur verre. Projetons-la d'abord avec un objectif, puis avec une lentille unique : la première image était bonne, la seconde est mauvaise. Nous allons chercher à analyser ses défauts, à les isoler les uns des autres, à nous rendre compte de leurs causes et de leur importance. Deux de ces défauts apparaissent immédiatement : l'image manque de netteté et présente des irisations. Interposons sur le parcours des rayons, et cela pour une portion seulement de l'image, un écran coloré qui ne laisse passer que de la lumière monochromatique : les irisations disparaissent, mais le manque de netteté subsiste.

Nous nous occuperons tout d'abord de lui seul, et pour cela nous nous servirons de lumière monochromatique. Il provient de ce que la loi de formation des images n'est qu'une loi approchée : les rayons issus d'un même point ne vont pas réellement converger en un point unique. Vraie pour des rayons peu obliques à l'axe et traversant la partie centrale de la lentille, la loi ne l'est ni pour des rayons qui, même parallèles à l'axe, traversent les portions marginales, ni pour ceux dont l'obliquité est un peu grande.

Prenons d'abord un objet plan perpendiculaire à l'axe et de petites dimensions, une petite croix lumineuse par exemple[1] : aucun des rayons n'est très oblique sur l'axe et cependant l'image n'est pas nette; recouvrons, au moyen d'un anneau opaque, d'un diaphragme, les bords de la lentille : l'image est moins éclairée, mais sa netteté a augmenté. C'est que nous avons arrêté les rayons marginaux qui troublaient l'image parce qu'ils ne donnaient pas le même point de concours que les rayons centraux faisant partie du même faisceau.

---

1. Soit un verre noirci au noir de fumée sur lequel on a tracé une croix avec une pointe plus ou moins large.

13

Nous allons le mettre en évidence par une deuxième expé-rience. Masquons la lentille par un disque plein et perçons dans ce disque deux petites ouvertures au voisinage de l'axe : nous ne laissons ainsi passer que deux pinceaux de rayons centraux. Ces pinceaux se rejoignent à une certaine distance en arrière de la lentille pour former l'image, et, en effet, en réglant convenablement la position de la lentille, nous obtenons de la croix lumineuse une image unique, assez nette. Fermons ces ouvertures pour en percer deux autres près des bords, de façon à laisser passer cette fois deux pinceaux de rayons marginaux : nous avons deux images distinctes qui sont troubles. C'est que les deux pinceaux se rejoignent non plus sur l'écran mais en avant de lui; et, en effet, nous pouvons recueillir une image unique, bien que toujours assez peu nette, sur un écran mobile placé en avant du premier.

En d'autres termes, la mise au point n'est pas la même pour les rayons centraux et pour les rayons marginaux; elle varie même pour ceux-ci à mesure qu'on s'approche davantage des bords.

Il semble qu'il y ait à ce premier défaut, qui constitue l'aberration de sphéricité, un remède bien simple : arrêter, comme nous l'avons fait tout à l'heure, les rayons marginaux qui viennent troubler l'image. Il est bien clair cependant qu'il vaudrait mieux les ramener et les utiliser, car leur suppression enlève à l'image beaucoup de lumière.

Ce n'est, d'ailleurs, qu'un remède assez médiocre qui n'a plus aucune efficacité si nous considérons les cas des rayons obliques.

Prenons toujours comme objet la croix lumineuse, mais inclinons la lentille en la faisant tourner autour d'un axe vertical, par exemple, de manière que les rayons soient fortement obliques par rapport à l'axe optique. Nous ne pouvons plus mettre au point que l'une des branches à la fois, encore cette mise au point est-elle très relative, l'aberration de sphéricité intervenant toujours, plus encore même que la première fois. Couvrons, comme tout à l'heure, les bords de la lentille : les images deviennent un peu plus nettes, mais la mise au point est toujours différente pour les deux branches, l'image est toujours dédoublée, et ce dédoublement, qui est d'autant plus marqué que les rayons sont plus obliques sur l'axe de la lentille, constitue un deuxième mode d'aberration, l'astigmatisme, dont la suppression des rayons marginaux ne nous affranchit nullement, et que nous ne pouvons éviter, car en photographie nous avons absolument besoin d'admettre dans l'objectif des rayons très obliques.

Les deux défauts que nous venons d'observer, aberration de sphéricité et astigmatisme, varient d'importance avec la forme de lentille employée; malheureusement, la forme la plus convenable à la correction de l'astigmatisme n'est pas du tout celle qui se prête le mieux à la destruction de l'aberration de sphéricité.

Cependant, en modifiant le mode d'emploi du diaphragme, en le plaçant à quelque distance de la lentille et en donnant à celle-ci une forme convenable, nous arriverions, par une sorte de cote mal taillée, à atténuer à la fois les deux causes de trouble. La disposition à adopter s'impose d'elle-même : il faut que pour chaque point de l'objet le faisceau admis ne comprenne que des rayons peu obliques les uns par rapport aux autres, afin de réduire l'aberration de sphéricité; il faut aussi que chaque faisceau rencontre, aussi normalement que possible, les surfaces réfringentes en vue d'éviter l'astigmatisme. Nous prendrons donc une lentille en forme de ménisque tournant sa concavité vers la lumière, et nous placerons le diaphragme à une certaine distance en avant.

Cette disposition, qui consiste à employer des lentilles en forme de ménisque et à produire par le diaphragme une localisation des faisceaux, de manière à affecter à chacun d'eux une portion limitée et convenablement orientée de la lentille, nous la retrouverons partout dans les objectifs. Mais appliquée à une lentille unique, elle ne constitue qu'un demi-remède : d'abord, si elle atténue le mal, elle ne le supprime pas; elle nous force à n'avoir que des images très peu lumineuses; et enfin, chose plus grave, elle nous amène un nouveau genre d'aberration : elle a, en effet, pour conséquence une déformation des images.

Prenons comme objet un réseau formé par deux systèmes rectangulaires de lignes parallèles : la lentille nous en donne, nous le savions, une image trouble; interposons un diaphragme entre l'objet et la lentille à quelque distance de celle-ci, l'image devient plus nette, mais les lignes présentent une courbure qui tourne sa concavité vers le centre et qui s'accentue à mesure qu'on s'approche des bords de l'image : il y a distorsion. Cette distorsion, qui est dite en barillet, augmente si nous écartons le diaphragme de la lentille; si nous le plaçons entre celle-ci et l'écran, la déformation change de sens, la courbure des lignes tourne vers le centre sa convexité; nous avons la distorsion en croissant.

Nous avons jusqu'à présent écarté systématiquement une des causes de trouble des images. Si nous revenons maintenant, en nous servant de nouveau de la lumière blanche, aux conditions normales de la photographie, les irisations reparaissent naturellement. Elles proviennent de ce que les rayons diversement colorés qui constituent la lumière blanche sont, par une même lentille, différemment réfractés : chaque couleur donne de l'objet une image, et comme il y a en somme une infinité de couleurs, nous avons une infinité d'images qui ne se superposent pas. Pour rendre le phénomène plus net, je vais faire tomber sur une lentille un faisceau de lumière parallèle dont, au moyen d'un diaphragme, je ne laisserai passer à travers la lentille qu'une portion annulaire assez étroite. En mettant au point, j'obtiens sur l'écran une tache unique, irisée : en ce moment les divers faisceaux réfractés sont coupés au voisinage de leurs sommets; j'écarte la lentille, j'ai sur l'écran une tache circulaire dont le bord extérieur est bleu, le bord intérieur rouge : c'est que le sommet des divers faisceaux coniques sont maintenant en avant de l'écran; c'est le cône des rayons rouges, moins réfracté que les autres, qui a son sommet le plus près de l'écran et qui par suite possède, quand il le rencontre, la plus petite section. Si nous revenons au foyer et le dépassons, nous avons encore une tache annulaire, mais où le rouge est à l'extérieur, le bleu à l'intérieur. Cette fois les sommets sont derrière l'écran, et c'est celui des rayons rouges qui en est le plus éloigné, celui des rayons bleus le plus rapproché.

A ce défaut, qui constitue l'aberration de réfrangibilité, le diaphragme ne peut rien; la forme de la lentille ne peut pas grand'chose non plus. Si bien qu'en somme une lentille unique, même de la forme la plus convenable, même munie d'un diaphragme convenablement placé, ne peut nous fournir une bonne image. (Wallon.)

Nous avons tenu à citer le passage ci-dessus de la conférence du Conservatoire, afin de donner un exemple de l'emploi des projections dans une démonstration d'optique.

A ce sujet, M. Molteni fait remarquer, avec juste raison, que dans ces expériences et dans toutes celles qui sont similaires, il est important que les lentilles et les divers écrans soient disposés de manière à être exactement centrés dans l'axe du faisceau lumineux, sinon on aurait des aberrations secondaires qui nuiraient à la netteté du phénomène observé.

Plus le foyer lumineux sera réduit, plus on obtiendra des faisceaux nets, et, à ce point de vue, il est évident que la lumière électrique convient le mieux.

Lorsqu'on veut démontrer la marche simultanée de plusieurs rayons, il est bon de les colorer en interposant sur leur trajet de petites lamelles de gélatine colorée ou des verres de couleur minces; il est plus facile alors de suivre divers rayons.

Nous citerons encore certaines expériences qui découlent des théories dont nous venons de parler et qui donnent lieu à de curieux effets de projections.

Fontaine de Colladon. — Plusieurs modèles peuvent s'adapter à la lanterne à projection. Celui de M. Molteni (*fig. 112*) se compose d'une chambre cylindrique en cuivre qui s'applique sur la bonnette de l'objectif; la face postérieure est constituée par une lame de verre appliquée sur le fond à l'aide d'un anneau fileté et rendue étanche grâce à une rondelle évidée de caoutchouc; la face antérieure est percée au centre d'une ouverture munie d'un ajutage fileté sur lequel se vissent une série de bouchons percés d'ouvertures diverses qui donnent à la veine liquide des formes différentes. Un ajutage à robinet met la chambre en communication par un tube de caoutchouc avec un réservoir d'eau placé au-dessus.

On fait varier les couleurs de la veine en mettant devant le condensateur des verres de couleurs différentes, ce qui produit les effets donnés par les fontaines lumineuses. Pour bien réussir cette expérience, M. Molteni recommande de disposer la lanterne sur le côté de l'écran, de manière à présenter la veine liquide latérale-

Fig. 112.

ment. La lanterne devra être placée sur un pied élevé pour avoir un jet plus allongé. Mais, pour que la veine ne se résolve pas trop tôt en gouttelettes séparées, on doit donner une certaine charge à l'eau, ce qui s'obtient en surélevant le réservoir et en l'entretenant toujours plein à la même hauteur. On y arrive en munissant le réservoir d'un tuyau de trop-plein et en réparant au besoin les pertes d'eau avec une petite pompe, sinon on verrait la trajectoire parabolique de l'eau changer de forme peu à peu avec la diminution de pression. Pour changer rapidement les bouchons, on ferme le robinet d'arrivée d'eau, on vide la chambre et on visse un nouvel ajutage.

Kaléidoscope. — Les images produites par le kaléidoscope (*fig. 113*) se projettent très aisément et donnent lieu à des images changeantes qui excitent toujours l'admiration des spectateurs.

Plusieurs modèles ont été proposés, mais il convient de choisir un de ceux dans lequel les glaces réfléchissantes sont mobiles.

Celui de M. Molteni se compose d'un tube dans lequel sont placés deux miroirs montés en forme de V, suivant un angle variable. Le tube se visse en avant du condensateur à la place de l'objectif; il porte à l'arrière un condensateur et à l'avant une lentille objective qui glisse dans un contre-tube pour la mise au point de l'image. Celle-ci est produite par la réflexion de petits morceaux de verres colorés, fragments de mousse, et, placés entre deux disques de verre dans une monture spéciale qu'on met dans les glissières, grâce à une manivelle, on peut imprimer aux deux disques un mouvement de rotation qui déplace continuellement les morceaux de verre et produit sur l'écran des séries de rosaces symétriques dont les dessins varient à l'infini.

Il est utile, pour obtenir l'effet voulu, de décentrer en hau-

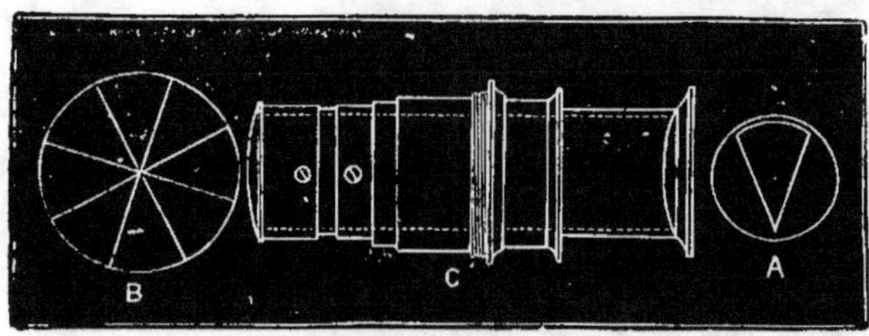

|Fig. 113.

teur le point lumineux de manière à déterminer une première réflexion de la lumière sur l'un des miroirs. La réussite dépend du réglage de la lumière, mais il est à noter qu'il est impossible d'amener les six ou huit secteurs à avoir la même intensité lumineuse. En effet, le premier est fourni par la lumière transmise directe, les autres par des faisceaux de lumière qui s'affaiblissent successivement par leurs réflexions, et le secteur opposé par le sommet plus brillant est généralement très peu éclairé. (Molteni.)

Ondes lumineuses. — L'on peut donner une idée de la formation et surtout de la propagation des ondes lumineuses au moyen de l'appareil de Fergusson. Il est vrai que dans celui-ci les ondes sont produites à la surface d'un liquide et que ce n'est que par analogie qu'on peut indiquer le mode d'action des ondes lumineuses.

L'appareil (*fig. 114*) se compose d'une coupe en verre mince ayant exactement la forme d'une calotte sphérique (soit un fond de ballon découpé au diamant) et à demi remplie d'alcool, placée au-dessus d'un miroir incliné à 15° sur lequel vient tomber le faisceau émané de la lanterne de projection. Cette coupe d'alcool joue alors le rôle de condensateur; au-dessus est disposé un objectif vertical surmonté à son tour par un miroir incliné. L'on peut, du reste, se servir du support vertical dans lequel le condensateur est remplacé par la coupe d'alcool.

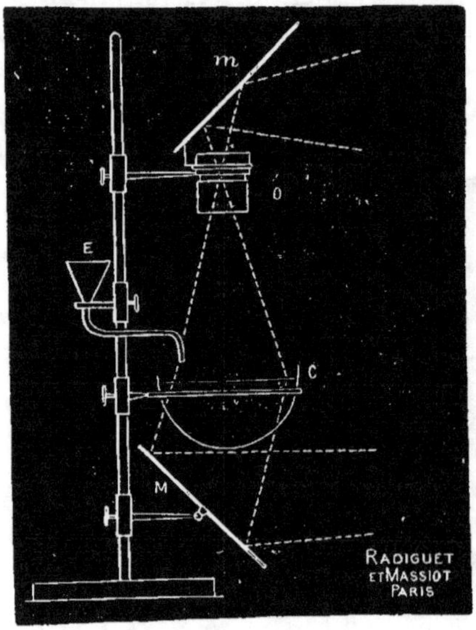

Le tout étant ainsi disposé, on place à la surface du liquide un brin de paille qui sert à mettre au point la surface du liquide; lorsque l'image a la netteté voulue on enlève le morceau de paille et on fait tomber goutte à goutte, au centre de la coupe, de l'alcool contenu dans un réservoir latéral. Il se forme alors à la surface du liquide un système d'ondes circulaires qui vont en s'élargissant du centre à la circonférence et donnent sur l'écran une image très nette du phénomène.

Fig. 114.

On peut encore montrer ce mouvement ondulatoire au moyen de la combinaison suivante que nous empruntons à M. Molteni.

Un châssis de bois est percé d'une ouverture devant laquelle est disposée une petite plaque de métal percée d'une fente étroite; en arrière peut tourner un disque en verre sur lequel sont tracées une suite de circonférences d'après le procédé suivant :

Le grand cercle extérieur étant dessiné, on trace un cercle concentrique dont la distance au cercle extérieur est égale à la hauteur de la fente étroite; on trace enfin un dernier cercle concentrique d'un rayon égal au huitième ou au dixième de la longueur de la fente et on divise le pourtour de ce cercle en autant de parties. D'autre part, ayant tracé un rayon de la grande circonférence, on divise l'espace entre les deux cercles en huit ou dix parties égales. Mettant alors la pointe d'un compas sur la division du petit cercle passant par le rayon tracé et l'autre point sur la première division de la partie comprise entre les cercles (cette première division est celle qui est la plus rapprochée du centre), on décrit une circonférence. Mettant ensuite une pointe de compas sur la deuxième division du petit cercle et l'autre pointe sur la division suivante du rayon, on trace une seconde circonférence, et ainsi de suite de proche en proche. On obtient ainsi une suite de circonférences excentriques dont le lieu des points de rapprochement forme une spirale. Ces circonférences ont dû être tracées en lignes transparentes sur fond noir, et le meilleur moyen est de faire l'épreuve en grand et de la réduire par la photographie à la grandeur voulue.

Le disque de verre ainsi préparé tourne lentement derrière la fente. En projection, l'interjection de celle-ci et des courbes transparentes se traduit par une série de points qui semblent se contracter ou se dilater successivement en donnant le schéma de la vibration ondulatoire.

La propagation de l'onde se démontre avec le même appareil, dans lequel on remplace la fente unique par une plaquette portant plusieurs fentes parallèles; le disque de verre est remplacé par un autre sur lequel a été tracée une sisunoïde convenablement déformée pour que, dans son mouvement, son tracé reste régulier en projection.

Interférences. — Le phénomène des interférences peut se montrer schématiquement en projections au moyen de l'appareil que nous venons de décrire. On se sert à cet effet de deux lanternes munies chacune du châssis avec le disque portant la sisunoïde et on superpose les deux images ; si une des roues tourne dans un sens et l'autre en sens contraire, on voit qu'il y a alternativement condensation et dilatation de l'ondulation, suivant que les courbes sont tangentes ou excentrées.

La démonstration de M. Lippman est encore plus complète. Un bain de mercure est disposé horizontalement et la lumière émanée de la lanterne est projetée à sa surface par un premier miroir incliné ; après avoir frappé le mercure, la lumière vient se réfléchir sur un second miroir, et, recueillie par un objectif, forme sur l'écran l'image des ondes provoquées à la surface du mercure. Ces ondes sont déterminées par un petit trembleur électrique ou par un diapason D mis en vibration ; elles vont frapper sur les parois du vase, et, revenant sur elles-mêmes, interfèrent avec les ondes nouvelles. Il se forme sur l'écran un merveilleux réseau de bandes croisées qui donnent au spectateur une idée très complète du phénomène. On peut créer de nouveaux cercles d'interférence en mettant à la surface du mercure de petits obstacles sur lesquels les ondes viendront se briser.

Les franges d'interférences sont toujours difficiles à montrer en projections, et il faut avoir recours à des appareils construits avec une extrême précision : tels ceux de M. Pellin.

Le banc pour les expériences d'interférences se compose d'un banc en fer monté sur pieds à vis calantes et portant une règle divisée, sur lequel glissent trois patins munis d'index et de vis de serrage pour en déterminer et fixer la position.

Chaque patin porte une colonne à tourillons, sur laquelle se fixe, au moyen d'une vis de serrage, un porte-fiche destiné à recevoir les différentes fiches de l'appareil. L'un des patins porte une coulisse horizontale qui se meut perpendiculairement à l'axe du banc au moyen d'un pignon et d'une crémaillère.

Ces porte-fiches peuvent recevoir un mouvement de rotation autour d'un axe horizontal pour l'orientation des fiches ; l'un d'eux a un mouvement lent de rotation au moyen d'une vis tangente.

Ce porte-fiche est destiné à recevoir les différentes fiches soumises aux expériences.

Des deux autres porte-fiches placés à chaque extrémité du banc, l'un, du côté de l'observateur, porte la loupe, et, dans les cas de projection, l'objectif; l'autre, du côté de la source de lumière (lanterne à arc), porte la fente rectiligne ou l'ouverture à un trou. La fente peut s'ouvrir à volonté à l'aide d'une vis afin de lui donner la largeur convenable à chaque expérience.

Pour la projection, on opère au moyen d'une lentille sphérique ou avec la lentille à double courbure de Soleil.

Nous citerons les expériences qui donnent de bons résultats avec les projections, et nous laisserons de côté celles qui demandent l'observation directe.

Miroirs de Fresnel. — Sur l'objectif de la lanterne à projection munie d'une lampe à arc, on dispose le diaphragme à pente variable, ou mieux, on laisse sur le banc optique le patin muni du diaphragme, l'on dispose en arrière la lanterne et on procède au réglage des miroirs.

Après avoir levé le diaphragme qui est perpendiculaire au plan des miroirs, on amène d'abord les arêtes des deux miroirs à être exactement sur le même plan en agissant sur les vis, on amène ensuite les miroirs dans le même plan, de manière qu'une ligne droite réfléchie et vue simultanément dans les deux miroirs reste constamment droite.

On place alors l'appareil sur la colonne à tourillon à une distance de 0^m50 de la loupe d'observation, on excentre l'appareil, on supprime la loupe, et, plaçant l'œil au même point, on fait tourner autour de l'axe vertical du tourillon l'appareil des deux miroirs jusqu'à ce que on voie les deux images réfléchies de la fente.

On leur donne un écartement de un millimètre. On regarde, en changeant un peu la position de l'œil, si les images réfléchies se trouvent parallèles à la fente placée verticale autant que possible; si elles ne le sont pas, on les rend parallèles en faisant basculer l'appareil avec un bouton situé au-dessous des glaces. On abaisse le diaphragme de manière à masquer les rayons émis directement par la fente.

On replace la loupe d'observation : on doit alors apercevoir les franges d'interférences. On les distinguera des franges de diffraction qu'on observe toujours en ce que ces dernières ne sont pas équidistantes; si les premières ne s'y trouvent pas, on finit de régler l'appareil avec de faibles mouvements, soit en faisant basculer l'appareil, soit en modifiant l'angle des miroirs. L'œil ne doit pas quitter la loupe pendant cette opération.

Une fois les franges obtenues, on les améliore en agissant très légèrement sur les vis, mais le plus souvent en diminuant la largeur de la fente.

On donne aux franges l'écartement voulu en agissant sur la vis.

Si le phénomène n'est pas symétrique par rapport aux franges de diffraction, on fait mouvoir avec beaucoup de précautions la vis de rappel.

On remarquera que la frange centrale est blanche.

Sur l'écran, on voit une série de bandes alternativement claires et sombres bordées de franges qui viennent en s'effaçant de chaque côté et se perdant les unes dans les autres; si l'on masque avec un écran l'un des deux miroirs, les franges disparaissent.

L'écartement des franges varie avec la couleur des rayons lumineux : le violet donne des franges très étroites et peu étalées, le rouge des franges plus larges et peu étalées.

On montre ces différents effets en plaçant devant la fente des verres diversement colorés; mais il faut user de teintes très faibles, sinon le phénomène serait à peine visible.

Toutes ces expériences peuvent se projeter à la lumière électrique, mais il est absolument indispensable de commencer par l'observation directe, et ce n'est que lorsque tout a été entièrement réglé qu'il faut passer à la projection.

Biprisme de Fresnel. — Les deux miroirs donnent toujours des images faibles et qui ne peuvent être vues de loin;

aussi est-il souvent préférable d'employer le biprisme de Fresnel. Celui-ci se compose d'une glace taillée en prisme très obtus, 178°38'; il est monté dans une fiche et se place dans le porte-fiche d'expérience.

La distance du biprisme à la loupe d'observation est de 0^{m}50 centimètres environ.

Après avoir amené la surface du biprisme à être perpendiculaire à l'axe du banc, on rend à l'œil l'arête du biprisme parallèle à la fente, puis plaçant l'œil à la loupe, on agit sur la vis tangente du porte-fiche jusqu'à ce que l'arête soit parfaitement parallèle à la fente : à ce moment, les franges apparaissent bien nettes au milieu des franges de diffraction.

On améliore les franges en modifiant la largeur de la fente.

On agrandit la distance des franges en éloignant le support du biprisme de la loupe d'observation.

On échange la loupe d'observation contre un objectif à projection, et les phénomènes se montrent très éclairés sur l'écran.

BIPRISME LENTICULAIRE DE M. MESLIN.

Le biprisme de Fresnel permet d'obtenir facilement les franges d'interférences, mais les deux images de l'ouverture sont virtuelles et les deux faisceaux ne sont pas séparés l'un de l'autre, si bien qu'on ne peut interposer facilement une lame mince produisant un retard sur un seul des deux faisceaux.

Cette dernière difficulté n'existe pas avec la demi-lentille de Billet, car les images y sont réelles, mais le réglage en est un peu délicat. Le réglage du biprisme lenticulaire de M. Meslin est des plus simples et les deux images sont réelles. Il se compose d'un biprisme à angle rentrant sur la face plane duquel est collée une lentille plan convexe qui a pour but de donner deux images réelles et en même temps d'amener les deux faisceaux à avoir une partie commune.

Le seul réglage consiste à amener l'arête du biprisme parallèle à la fente, et cette orientation peut se faire à la main.

Il est particulièrement commode de prendre les deux positions suivantes : S étant la source, B le biprisme, PP' les images réelles.

1° SB égal au double de la distance focale, soit 40 centimètres, images très écartées, franges très fines. On peut les grossir en mettant une lentille de 33 centimètres entre SB. Plus on l'approche de C, plus les franges s'élargissent.

2° SB égal à 1^{m}20, images rapprochées, franges larges. On peut les monter sur l'écran en les élargissant encore à l'aide d'une lentille de 33 centimètres placée entre SB, d'abord près de B. En l'éloignant, les franges s'élargissent jusqu'à se déformer.

Pour projeter, on prendra la deuxième disposition : mettre la lentille projetante [(lentille à double courbure de Soleil père) à 50 centimètres ou à 75 environ et l'écran au delà.

Pour projeter le retard dû à l'interposition d'une lame mince, mettre le biprisme B à 0^{m}90 ou 1 mètre de S, la lentille de projection à 0^{m}75 ; on placera enfin dans le plan des images réelles le compensateur Billet, sur le bouton duquel on agira pour voir les franges se transporter d'un côté ou de l'autre.

Diffraction par les bords d'un écran (fig. 115). — La fiche pour cette expérience porte une ouverture rectangulaire, masquée sur un côté par une plaque d'acier taillée en biseau formant écran ; elle se place sur le support O à 10 ou 20 centimètres de la loupe.

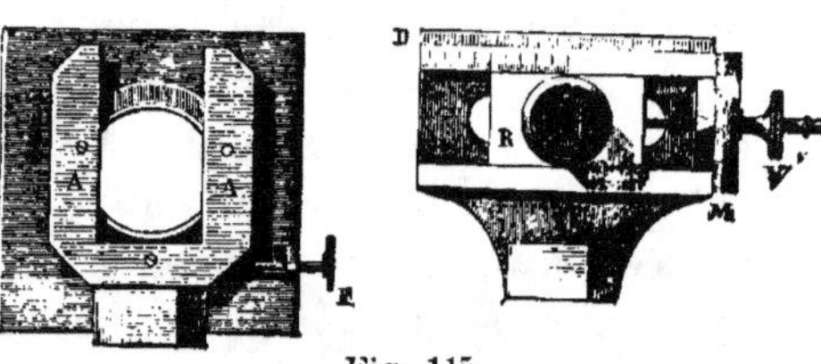

Fig. 115.

Avec les précautions de réglage indiquées précédemment, on aperçoit immédiatement les franges de diffraction.

Ces franges ne sont plus équidistantes, et en mesurant leur largeur à des distances différentes de l'écran, on constate que leur trajectoire est hyperbolique et qu'elles semblent partir du bord même de l'écran.

La nature et la forme du bord de l'écran n'ont aucune influence sur les franges ; on le démontre avec un écran dont une partie est à angle vif et l'autre arrondie. Les franges restent droites.

Diffraction par une tige. — Le réglage est identique au précédent.

Les franges sont de deux sortes : les franges intérieures et les franges extérieures. Les premières ressemblent beaucoup aux franges d'interférences des deux miroirs ; elles sont fines et sensiblement équidistantes. Les secondes ressemblent aux franges de diffraction par le bord d'un écran. Les unes et les autres dépendent d'ailleurs de la grosseur des fils et des tiges.

On emploie des tiges à pointes pour varier l'expérience.

Diffraction par une ouverture. — La fiche destinée à cette expérience est une fente à ouverture variable avec vis micrométrique et tambour divisé. On la place comme précédemment.

On vérifie les relations démontrées par Fresnel entre la largeur des franges, la largeur de l'ouverture et la distance des trois supports.

Les franges intérieures deviennent rigoureusement équidistantes si l'ouverture n'est pas trop large.

Diffraction par un miroir étroit. — Cette fiche porte sur un axe vertical un petit miroir étroit à bords parallèles.

La lumière de la fente réfléchie sur ce miroir jouit des mêmes propriétés que si elle avait traversé une ouverture de même largeur et sensiblement inclinée.

Pour faire l'expérience, on excentre le support O comme dans l'expérience des deux miroirs et on observe à la loupe l'image réfléchie, ou bien on la projette au moyen d'un objectif convenable.

Diffraction par un trou. — On met en f le trou éclairant, en O le trou d'observation, en M la loupe ou l'objectif.

On aperçoit des cercles concentriques de diffraction qui peuvent avoir un centre blanc, noir ou coloré, suivant les distances relatives des trois supports.

On constate que les dimensions des cercles dépendent de la

grandeur des trous des pièces d'observation ; qu'ils sont d'autant plus grands que le trou d'observation est plus petit et indépendant du diamètre du trou éclaireur.

Diffraction par les écrans opaques. — Les fiches qui servent à cette expérience portent une plaque de glace sur laquelle est collé un disque opaque. Ces écrans ont pour diamètre $1/2^{mm}$, 1^{mm} et $1^{m}1/2$.

On place la fiche en O ; on constate en observant à la loupe que le centre de l'ombre géométrique est aussi lumineux que si le disque n'existait pas, et cela quelle que soit la longueur d'onde et à toutes les distances de l'écran.

Appareil à demi-lentilles de M. Billet. — Cet appareil sert à obtenir deux images réelles d'une même fente.

Il se compose de deux moitiés d'une même lentille coupée par un point normal à la surface et passant par le centre.

Ces demi-lentilles sont montées de manière qu'on peut écarter leur centre optique par un mouvement de glissière sur l'une d'elles au moyen d'une vis, tout en maintenant les deux images de la fente parallèle et de telle sorte que les deux images d'un même point de cette fente soient sur un même axe perpendiculaire au système des deux images, ce qui s'obtient par la rotation autour de l'axe au moyen d'une vis.

Pour régler l'appareil, on le place dans le porte-fiche à vis tangente. On rend les images parallèles entre elles et à la fente et les extrémités supérieures de ces images sur une même perpendiculaire avec deux images.

Avec un écran on cherche la position des images réelles, puis, éloignant l'écran de la lentille, on détermine entre quelles limites les deux faisceaux ont une partie commune ; c'est dans cet espace que se trouvent les franges d'interférences. La largeur de ces franges est en raison inverse des images réelles.

Si l'on veut déplacer les franges d'interférences, soit par l'interposition de mica, soit à l'aide du compensateur, il convient de disposer ces appareils sur les images réelles.

MM. Macé de Lépinay et Pérot ont montré qu'il existe une position relative des différentes pièces, fente, demi-lentilles de

Billet, lentille d'observation, qui donne toujours un système de franges achromatiques. Cette position est variable suivant la dispersion de la matière employée pour les demi-lentilles; mais le plus simple est de placer la fente au double de la distance focale de la demi-lentille et la lampe un peu au delà du double de la distance focale. Avec un peu de tâtonnement, on a dans ces conditions un système de franges achromatiques, c'est-à-dire que ces franges présentent l'aspect de franges en lumière simple.

Le *compensateur Billet* sert à produire entre deux faisceaux provenant d'une même fente et amener à former deux images réelles de cette fente des retards variables.

Il se compose d'une glace fixe et d'un système de deux prismes de même angle, superposés, de manière que leur ensemble fasse une lame à faces parallèles; l'un est fixe et l'autre, mobile, glisse sur le premier.

Suivant les positions relatives des deux prismes que détermine une graduation avec vernier, la lame parallèle qu'ils forment a des épaisseurs variables.

Lorsque l'appareil est à son zéro, l'épaisseur des deux lames parallèles est identiquement la même.

On s'arrange de façon que les images réelles de la fente se produisent à l'intérieur des deux glaces parallèles.

Appareil de M. Mascart pour la projection des franges d'Herschel. — M. Pellin a combiné un appareil qui rend facile cette expérience. Il se compose de deux prismes rectangles isocèles dont on peut à volonté rapprocher parallèlement ou sous un angle donné les deux faces planes hypothénuses.

L'un des prismes est fixe sur sa monture, l'autre mobile au moyen d'une vis micrométrique; on peut ainsi l'amener au contact du premier ou l'en éloigner.

Le second prisme possède, en outre, un mouvement de bascule et un mouvement de rotation autour d'un axe vertical.

Les franges peuvent se projeter avec la lumière oxydrique, mais la lampe à arc est préférable.

Dispersion. — La décomposition de la lumière blanche en bandes colorées s'obtient au moyen du prisme et peut se projeter de la façon suivante. On dispose en avant du condensateur un diaphragme à ouverture rectiligne de Pellin; dans celui-ci l'ouverture est divisée dans le sens de la hauteur par deux volets mobiles : l'un, au moyen d'une vis, donne une largeur mesurée par une division, l'autre, avec vis micrométrique et tambour divisé, permet de déterminer exactement le rapport des ouvertures superposées. Les deux moitiés du diaphragme étant également ouvertes, et au moyen d'une lentille de 33 ou 60 centimètres de foyer, on fait l'image de la fente sur l'écran, à la convergence des rayons sortant de la lentille, point qui est le foyer conjugué de la source lumineuse, on place un prisme en flint de 60° ou mieux un grand prisme Amici-Janssen, et on obtient un spectre en projection.

En plaçant sur le trajet des rayons lumineux, correspondant à une moitié de la fente, une cuve contenant une matière absorbante en dissolution, on peut évaluer l'absorption produite dans une région du spectre par le rapport des ouvertures des fentes qui donnent dans la partie considérée l'égalité d'éclairement.

On peut évaluer de la même manière l'absorption produite par une matière colorante étendue sur une feuille de papier blanc et placée dans une région quelconque du spectre.

Nous n'avons pas à décrire les expériences qui ont trait aux radiations calorifiques, aux radiations chimiques, à la fluorescence, elles ne demandent aucunes dispositions spéciales pour la projection; il n'en est pas de même pour les raies spectrales.

On démontre assez facilement que ces bandes noires sont dues à l'absorption par des vapeurs métalliques des radiations de telle ou telle couleur en imprégnant les charbons qui donnent la lumière électrique de sels métalliques convenablement choisis; les chlorures sont plus particulièrement employés dans ce cas.

On imbibera le charbon positif de chlorure de sodium pour

obtenir la raie jaune très brillante qui caractérise ce métal. Le chlorure de potassium, employé de même, donnera une raie rouge et une raie violette.

« On démontre l'absorption des divers rayons colorés en projetant sur l'écran un spectre, pris en passant derrière la fente des verres de couleur; ceux-ci doivent être peu teintés. On voit aussitôt le spectre présenter des lacunes obscures ou noires. En employant des cuves de section triangulaire, à angle très aigu, remplies de liquides convenables et que l'on fait passer lentement derrière la fente, on démontre que l'absorption est d'autant plus prononcée que l'épaisseur du liquide est plus grande.

Une solution d'alizarine dans le carbonate de potasse donne une bande d'absorption dans le jaune et deux autres dans le rouge et l'orangé. Une solution de permanganate de potasse donne une série de bandes noires dans le vert, mais dans la partie épaisse de la cuve le vert et le jaune sont complètement absorbés.

Une solution de chromate de potasse absorbe les rayons plus réfrangibles que le vert, etc. (Molteni.)

Recomposition de la lumière. — Il existe plusieurs méthodes de démonstration pour la recomposition de la lumière. L'appareil de Newton modifié en vue des projections donne d'excellents résultats. L'appareil se compose d'un disque de verre divisé en quatre ou six secteurs, subdivisés eux-mêmes en sept secteurs de grandeurs inégales et proportionnés à l'étendue des différentes régions colorées du spectre; les secteurs sont peints en couleurs transparentes, et le disque porte de ce fait quatre ou six spectres solaires contigus. Le disque placé dans la lanterne est tout d'abord projeté sur l'écran sans lui donner de mouvement, puis on lui imprime un mouvement rapide de rotation et le disque paraît blanc.

M. Lavaud de Lestrade a combiné un très curieux appareil pour obtenir un résultat de ce genre, et M. Molteni a très élégamment construit l'instrument que nous allons décrire.

Un spectre, formé par les moyens que nous avons déjà indiqués, est reçu sur un miroir A (*fig. 116* M.) auquel on imprime un rapide mouvement alternatif grâce à une bielle B et un volant D. Lorsque l'appareil est immobile il réfléchit sur l'écran le spectre normal; si on tourne la manivelle le spectre se déplace par un mouvement de balancement et les couleurs se mélangent : la bande irisée est aussitôt transformée en une bande blanche.

A l'aide d'un écran E percé d'une fenêtre allongée et de petits volets mobiles G et F on peut intercepter au passage tel ou tel

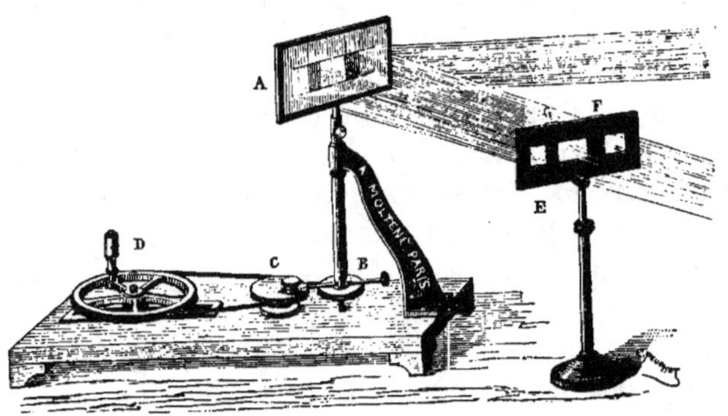

[Fig. 116.

rayon coloré émané du spectre et, en agissant sur la manivelle D, on obtiendra sur l'écran la combinaison des couleurs restantes, ce qui permet de faire varier les combinaisons à l'infini. (Molteni.)

Polarisation. — Les phénomènes de polarisation, assez délicats à observer, peuvent être projetés avec succès à la condition de prendre des précautions minutieuses; aussi ces expériences demandent-elles l'emploi d'appareils construits avec tous les soins nécessaires. Bien des modèles ont été proposés par les constructeurs, nous citerons chez les constructeurs anglais.

Le polariscope à prisme de Nicol, de Newton (*fig. 117*), dans lequel un prisme de Nicol de grandes dimensions PN reçoit le faisceau lumineux concentré par une première lentille L, traverse successivement les systèmes optiques F (ou G qui sont interchangeables) et voit enfin sur un second Nicol AN.

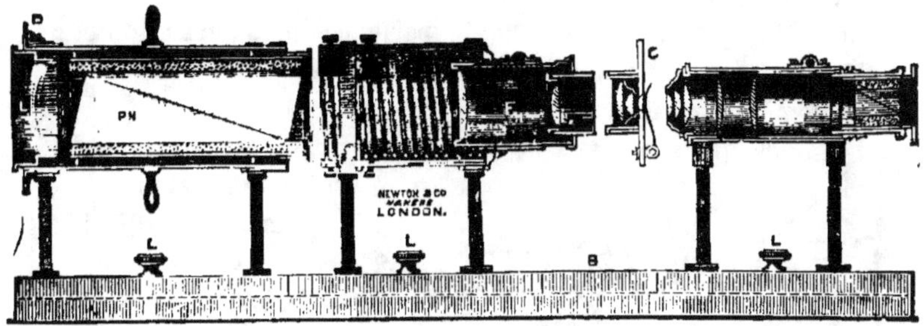

Fig. 117.

Le polariscope à réflexion directe (*fig. 118*) se compose essentiellement d'une pile de glace qui renferme le grand Nicol.

Ces deux modèles, admirablement construits, sont d'un prix élevé.

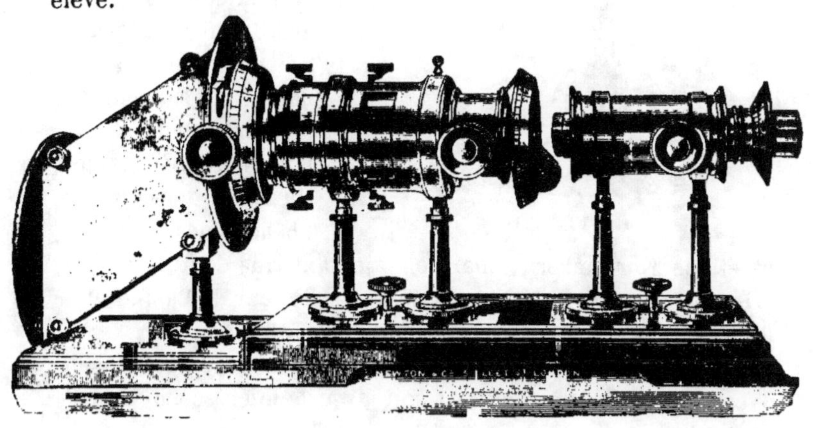

Fig. 118.

Mais de tous les appareils proposés, celui combiné par Dubosq et que construit actuellement M. Pellin, est sans contredit le plus commode, et avec lui la projection de toutes les expériences de polarisation se fait aisément.

Nous ne pouvons donner de meilleure description que celle que M. Bertin a fait paraître dans le *Journal de physique* [1] et que nous transcrivons intégralement.

Quand on passe en revue les expériences de polarisation et qu'on les étudie au point de vue de la projection, on les divise actuellement en trois classes :

1° Celles qui sont dans la lumière parallèle, avec les appareils de Malus, de Norremberg, d'Haidenger, etc., et que l'on désigne sous les noms de *polarisation blanche, chromatique, rotatoire, dichroïque,* etc.;

Fig. 119.

2° Celles qui devraient se faire dans la lumière parallèle, mais qui, exigeant beaucoup de champ, ne peuvent se produire réellement que dans la lumière divergente. On observe encore ces phénomènes avec l'appareil de Norremberg, mais en ajoutant une lentille sur le cristal. Telles sont les franges du compensateur de Babinet, les figures du gypse, les couleurs des verres trempés, etc.;

3° Enfin, celles qui se font dans la lumière convergente, soit avec la pince à tourmaline, soit avec le microscope polarisant.

L'appareil Duboscq, représenté dans les figures 119 et 120, permet de réaliser ces trois classes d'expériences. Il se compose de deux systèmes optiques pouvant glisser sur une règle hori-

1. *Journal de physique.* 1875, p. 32.

zontale, et qui sont destinés à recevoir et à modifier un faisceau lumineux parallèle à la règle, provenant d'une source
lumineuse quelconque (soleil, lampe électrique, lampe Drum-
mond). L'un des systèmes est tourné vers la source et peut
recevoir le *polariseur;* l'autre est tourné vers le tableau de
projection et porte *l'analyseur;* entre les deux se placent les
différents corps qui doivent être traversés par la lumière.

Cet appareil doit être
modifié de trois manières
différentes pour les trois
cas dont nous avons parlé
et que nous désignerons
par les noms de lumière
parallèle, lumière *diver-*
gente et lumière *conver-*
gente.

I.

Lumière parallèle.

Les expériences dans
la lumière parallèle se
projettent avec l'appa-
reil représenté dans la
figure 119. La partie P
est tournée vers la source

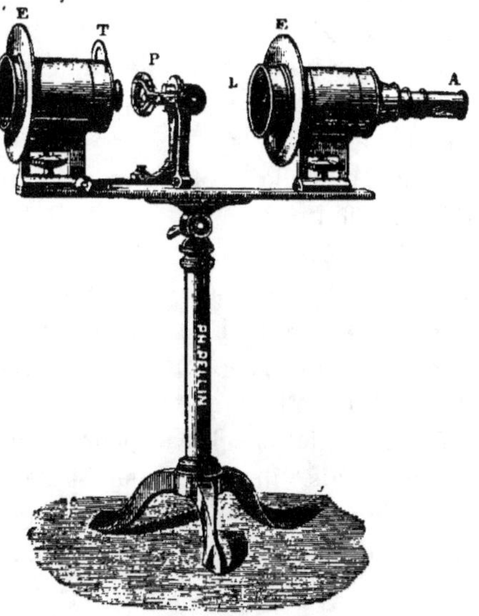

Fig. 120.

qui lui envoie un faisceau de rayons parallèles. Ce faisceau
traverse ensuite le tube AD, qui est composé de deux parties;
celle qui est tournée vers la source est fixe, l'autre est à tirage
et se termine à l'intérieur par une lentille de projection L et
à l'extérieur par un analyseur A. Cette disposition se prête
aux cinq séries d'expériences suivantes :

PREMIÈRE SÉRIE. — POLARISATION BLANCHE.

(Cette série est la base de toutes les autres.)

1° *Polarisation par réflexion.* — Plaçons en P un polariseur à glace noire, ou mieux un polariseur Delezenne, qui

nous permettra de mettre l'appareil dans la direction de la source lumineuse. Dans la figure, la lettre T désigne un diaphragme à trous. On l'enlèvera et l'on introduira le polariseur Delezenne dans le support P, en ayant soin que le plan de réflexion de ce polariseur soit vertical. On projettera ensuite sur le tableau l'image de l'ouverture du polariseur à l'aide de la lentille L, et on placera en A un analyseur formé par une glace noire inclinée de 35°25′ sur l'axe du tube.

A. Si la glace noire réfléchit verticalement, elle enverra au plafond une image brillante de l'ouverture du polariseur;

B. Cette image sera presque éteinte si la glace réfléchit horizontalement;

C. Et alors elle s'éclaircira si l'on change l'inclinaison de la glace sur le rayon.

2° *Polarisation par réfraction.* — En enlevant la glace noire de son cadre, on trouvera au-dessous une petite pile de glaces que l'on inclinera encore de 35°25′ sur le rayon :　.

A. Si la pile réfléchit verticalement, l'image réfléchie sera brillante, mais l'image transmise sera sombre;

B. Si la pile réfléchit horizontalement, l'image réfléchie sera sombre, mais l'image transmise deviendra plus brillante;

C. L'effet sera moins marqué si l'on enlève quelques-unes des lames de la pile ou si on change son inclinaison sur le rayon.

3° *Double réfraction.* — Enlevons le polariseur Delezenne, mettons en D un diaphragme avec une ouverture en losange portant une petite fente sur l'un de ses angles obtus, et projetons l'image de ce losange sur le tableau à l'aide de la lentille L; enfin, plaçons en A un prisme biréfringent, à image ordinaire droite, agissant par conséquent comme un rhomboèdre de spath. L'analyseur et le diaphragme sont goupillés, de manière que la face naturelle du rhomboèdre, qui est un losange, se projette sur le losange du diaphragme, et que l'angle obtus du rhomboèdre soit indiqué par la petite fente de celui-ci :

A. On voit sur le tableau deux losanges lumineux; leurs

petites diagonales sont en ligne droite, ce qui prouve qu'elles indiquent la section principale, et l'on remarque de plus que l'image extraordinaire est déviée du côté de l'angle obtus du rhomboèdre ;

B. En tournant le tube AD sur lui-même, l'image ordinaire tourne sur elle-même ; l'extraordinaire tourne autour de la première, mais les deux images conservent leurs positions relatives.

4° *Polarisation par double réfraction.* — Remettons en place le polariseur Delezenne, toujours avec son plan de réflexion vertical, et recommençons l'expérience précédente :

A. L'image ordinaire est éteinte quand la petite diagonale du losange est horizontale ; donc elle est polarisée suivant la petite diagonale ;

B. L'image extraordinaire est éteinte quand la grande diagonale du losange est horizontale ; donc elle est polarisée suivant la grande diagonale ;

C. Quand les losanges ont leurs diagonales à 45°, les deux images sont égales ;

D. Quand on place devant le diaphragme un quartz parallèle épais, rien n'est changé s'il est dans l'azimut zéro ; mais la polarisation disparaît et les deux images sont toujours égales si la section principale du quartz est à 45° de celle du polariseur.

5° *Polariseur par un Nicol.* — Remplaçons l'analyseur biréfringent par un Nicol, orienté de manière que sa base, qui est un losange, se projette sur le losange du diaphragme :

On ne verra plus sur le tableau qu'un seul losange ; il sera très brillant quand la grande diagonale sera verticale et s'éteindra quand elle sera horizontale ; donc le Nicol polarise suivant la grande diagonale de sa base ou ne transmet que le rayon extraordinaire.

6° *Polarisation par une tourmaline.* — Remplaçons le Nicol par une tourmaline fixée dans une bonnette goupillée, de manière que, mise en place, l'axe du cristal soit parallèle à la petite diagonale du losange du diaphragme :

On verra sur le tableau une seule image en losange, qui s'éteindra quand la petite diagonale sera horizontale; donc la tourmaline polarise perpendiculairement à son axe, en ne transmettant que le rayon extraordinaire, comme le Nicol.

7° *Expériences des rhomboèdres croisés d'Huygens.* — Enlevons le polariseur et remettons en place le diaphragme à trous T, dans lequel nous choisirons un trou de grandeur convenable, que nous projetterons sur le tableau à l'aide de la lentille L. L'analyseur biréfringent, replacé en A, donnera deux images écartées de ce trou. Si on lui superpose un second analyseur semblable, on verra quatre images qui, par la rotation du second prisme, pourront se réduire à deux et même à une si les deux prismes sont parfaitement égaux.

8° Expérience de M. Desains. — (Elle sera décrite plus loin).

DEUXIÈME SÉRIE. — Dichroïsme.

Le polariseur est enlevé; nous avons toujours en A l'analyseur biréfringent. Si nous plaçons contre l'extrémité D du tube une lame dichroïque, nous aurons précisément la loupe dichroscopique d'Haidinger. A l'aide de la lentille L, nous projetons sur le tableau la double image de la lame.

A. Les deux images de la lame seront en général de couleurs différentes, et en tournant soit la lame, soit l'analyseur, on verra ces couleurs changer. On choisira les cristaux les plus dichroïques, tels que l'épidote, la pennine, l'acétate de cuivre, le sulfate cobalto-potassique, l'oxalate chromo-potassique, le platinocyanure de magnésium, etc.

B. Expériences semblables faites avec des cubes de cristaux dichroïques que l'on fait tourner devant le diaphragme D.

TROISIÈME SÉRIE. — Polarisation chromatique (lames minces cristallisées).

Dans les expériences suivantes, pour avoir plus de lumière, on polarise avec un spath qui ne doit donner qu'un seul faisceau. Ce qu'il y aurait de mieux certainement serait d'employer un gros prisme de Nicol; mais le prix en serait fort élevé, et c'est uniquement par économie que M. Duboscq fait usage du prisme biréfringent, en ayant soin d'intercepter toujours l'un des rayons. Il emploie donc pour polariseur un système de deux prismes biréfringents, achromatisés par des prismes de crown, de manière à ramener le rayon extraordinaire dans l'axe de l'appareil. Ces deux prismes ajoutent leurs déviations, et leur ensemble donne aux deux rayons un écart d'environ 11°; ils se placent dans la monture du diaphragme à trous T. Comme il est absolument nécessaire de connaître le plan de polarisation, une goupille maintient le diaphragme, de telle sorte que les sections principales des deux prismes soient horizontales. Le rayon extraordinaire, qui se meut dans l'axe de l'appareil, est alors polarisé dans un plan vertical; quant au rayon ordinaire, il est rejeté de côté, et l'on s'arrange toujours pour qu'il ne vienne pas se mêler au rayon central, ce qui détruirait la polarisation. Le polariseur étant en place, on limite le faisceau polarisé par le diaphragme à trous T, qui permet de choisir pour chaque expérience une ouverture de grandeur convenable. On voit dans la figure que ce diaphragme porte en avant une virole C; elle est destinée à recevoir une bonnette dans laquelle est fixée la lame cristallisée. Celle-ci peut être quelconque, quartz, gypse, mica, etc.

On obtiendra de belles couleurs avec un quartz parallèle de l'épaisseur que donne le rouge de second ordre. Il importe que la section principale de la lame soit connue. Il faut donc l'indiquer sur la bonnette par une encoche ou une saillie que l'on puisse sentir dans l'obscurité. On peut aussi placer la lame à l'extrémité D du tube AD.

L'ouverture D du tube analyseur étant assez éloignée pour que le rayon extraordinaire reste en dehors, on projettera sur le tableau l'image de la lame en donnant un tirage convenable au tube qui porte la lentille L, puis on analysera le faisceau en A avec l'analyseur biréfringent, dont la section principale est, comme nous l'avons vu, toujours indiquée par la ligne qui joint les centres des deux images.

A. En amenant les deux images dans la verticale, on voit

qu'elles sont en général colorées de teintes complémentaires dont la superposition reproduit du blanc, et que leur éclat est maximum quand la section principale de la lame est dans l'azimut de 45° et l'analyseur dans l'azimut zéro. En tournant soit la lame, soit l'analyseur, on voit les images devenir incolores, puis passer chacune à la couleur complémentaire sans prendre d'autres teintes ; en un mot, on vérifie toutes les conséquences de la théorie.

B. D'autres lames tenues à la main donneront des effets analogues. On y reconnaîtra les directions du maximum de couleur, et en faisant tourner les lames autour de ces directions, on pourra distinguer la section principale de la section perpendiculaire par la manière dont les couleurs varient avec l'épaisseur traversée par le rayon.

C. On peut aussi essayer de cette manière quelques substances à double réfraction accidentelle, telles que les lames d'œil de poisson, de pointes d'oursin, de gomme copal, etc.

QUATRIÈME SÉRIE. — *Polarisation rotatoire.*

A. Remplaçons dans la première des expériences précédentes le quartz parallèle mince par un quartz perpendiculaire épais, nous verrons encore sur le tableau deux images complémentaires, qui pourront être identiques aux premières si les deux quartz sont convenablement choisis[1] ; mais il y a entre les deux expériences deux différences caractéristiques :

1° Si l'on tourne le quartz perpendiculaire autour du rayon les couleurs ne changent pas, tandis qu'elles changeaient quand on tournait le quartz parallèle ;

2° Si l'on tourne l'analyseur, les couleurs du quartz perpendiculaire passent par toutes les teintes, tandis qu'avec le quartz parallèle elles passaient seulement à la couleur complémentaire.

B. Remplaçons l'analyseur biréfringent par un Nicol que nous mettrons d'abord à l'extinction, puis épurons la lumière

---

1. Le quartz de 6 millimètres, dont Arago se servait toujours, convient très bien ; il donne le rouge du second ordre comme notre quartz parallèle.

par un verre rouge et mettons en place le quartz perpendiculaire, nous verrons la lumière reparaître, et il faudra pour l'éteindre tourner le Nicol soit à droite, soit à gauche, suivant le sens de la rotation du quartz, dont on aura ainsi la mesure.

C. Rejetons l'expérience avec la lumière blanche; en tournant le Nicol nous n'étendrons plus l'image, mais nous la ferons passer par diverses teintes. Si la teinte monte, c'est-à-dire si elle varie du rouge au bleu, dans l'ordre des couleurs du spectre, c'est que le Nicol a été tourné dans le sens de la rotation du quartz; si elle baisse (bleu, jaune, rouge), c'est qu'on a tourné le Nicol en sens contraire. Quand on est arrivé à la teinte sensible en passant du bleu au rouge, la rotation du Nicol mesure la rotation du quartz pour les rayons jaunes.

D. Couleur du quartz de diverses épaisseurs avec le Nicol à zéro.

E. Plaque à deux rotations.

F. Chlorate de soude.

G. Plaque à deux rotations avec chlorate de soude.

H. Pouvoir rotatoire du cinabre, du sulfate de strychnine, du périodate de soude, des hyposulfites de potasse, de strontiane et de plomb; mais on a difficilement de bons échantillons de tous ces corps.

I. Pouvoir rotatoire des liquides, eau sucrée, essence de térébenthine, acide tartrique, etc. On les renferme dans un tube placé entre l'analyseur et les plaques à deux rotations.

J. Saccharimétrie. On peut monter sur l'appareil toutes les pièces du saccharimètre et projeter, par conséquent, une expérience complète de saccharimétrie par la méthode de M. Soleil.

CINQUIÈME SÉRIE. — *Polarisation circulaire et elliptique.*

En mettant un mica d'un quart d'onde sur le trajet de la lumière polarisée, la polarisation reste rectiligne si le mica est dans l'azimut zéro; elle devient circulaire s'il est à 45 degrés; enfin elle est elliptique si sa section principale fait avec le plan de polarisation un angle compris entre zéro et

45 degrés. Si le rayon traverse en même temps une lame cristallisée, la lumière est polarisée elliptiquement en entrant ou en sortant, ou des deux côtés à la fois, les images changent de couleur, et l'on peut faire rendre à une lame parallèle les effets d'un quartz perpendiculaire.

Pour projeter ces phénomènes, nous analyserons avec un Nicol, que nous mettrons d'abord à l'extinction, puis nous placerons devant le diaphragme à trous notre quartz parallèle dans la position où il donne le maximum de coloration.

A. Si maintenant nous plaçons en D un mica d'un quart d'onde et que nous tournions soit ce mica, soit l'analyseur, nous verrons l'image passer par des teintes semblables à celles de la polarisation rotatoire.

B. Le mica que nous avons mis en D porte une virole dans laquelle nous pouvons introduire la bonnette de la lame. Plaçons ensuite un second mica dans le porte-cristaux C; disposons les trois bonnettes de manière que la section principale de la lame soit à 45 degrés des sections principales des deux micas, celles-ci étant parallèles ou croisées. Dans les deux cas, en tournant l'analyseur, on verra les images se teindre de couleurs analogues à celles de la polarisation rotatoire.

C. Elles seront identiques si les micas sont croisés. Le quartz parallèle placé entre ces deux micas (toujours à 45° de leurs sections principales) se comportera exactement comme un quartz perpendiculaire droit ou gauche, suivant que sa section principale sera à droite ou à gauche de celle du mica polarisateur.

D. Réciproquement, le quartz perpendiculaire placé entre deux micas d'un quart d'onde croisés perd son pouvoir rotatoire et se comporte comme une lame unique parallèle à l'axe.

II. — Lumière divergente.

L'appareil pour la lumière divergente et pour la lumière convergente est représenté dans la figure 105. Nous supposerons d'abord qu'on a enlevé la pince P.

Le système analyseur est entièrement différent du précédent. Il se compose d'une grande lentille de champ 4 (diamètre 5 centimètres, foyer 7 centimètres) et d'un Nicol analyseur A qui porte lui-même, à l'entrée des rayons lumineux, une petite lentille (diamètre 1 c. 6 ; foyer 13 centimètres).

Ce système constitue un excellent analyseur à projection, qui, substitué au tube AD de la figure 1, donnerait un appareil à lumière parallèle avec lequel on pourrait répéter les expériences des quatre dernières séries. Il serait cependant utile, dans ce cas, d'allonger le foyer de la lentille 4 et de diminuer son diamètre ; on obtient ce résultat en lui accolant une lentille divergente pour obtenir un système de $16°5$ de foyer (diamètre 2 c. 5). On peut alors enlever la lentille du Nicol, ou bien on analysera avec le prisme biréfringent.

Le polariseur est peu changé : il a suffi de lui ajouter en F un focus, c'est-à-dire une lentille convergente (diamètre 5 c. 5, foyer 7 centimètres). Ce focus, qui est habituellement composé de deux lentilles plan convexes, fait converger les rayons à une petite distance en avant du diaphragme à trous. Réunis en ce point, ces rayons divergent de nouveau et viennent éclairer tout le champ de la lentille L du système analyseur.

C'est contre cette lentille que l'on place successivement les lames de grande dimension que l'on veut observer. Elles sont autant que possible montées sur des lièges ; on les place alors dans une bague qui s'introduit dans la monture de la lentille. Ces lames sont éclairées sur toute leur surface par le faisceau divergent, et le système convergent formé de la lentille de champ et de celle du Nicol projette l'image de ces lames sur le tableau.

PREMIÈRE SÉRIE. — *Polarisation chromatique.*

Lames minces cristallisées de grandes dimensions. — Placez toujours le Nicol à l'extinction et les lames dans l'azimut 45 degrés.

A. *Quartz parallèle, disque concave.* — Ce quartz donne des anneaux ; en le combinant avec un quartz parallèle mince, on voit les anneaux changer de couleur, et, si l'épaisseur est convenable, il se forme un anneau noir quand les sections principales sont croisées.

B. *Quartz (ou gypse) parallèle prismatique.* — Donnant les bandes colorées plus ou moins étalées. Une même lame peut donner ainsi trois spectres d'interférence, par exemple du premier au troisième ordre, ou du troisième au cinquième ordre.

C. *Compensateur de Babinet.* — Il est formé par deux quartz prismatiques parallèles, égaux, renversés et croisés. Il donne toujours des bandes parallèles avec une raie noire au milieu.

D. *Figures des lames de gypse, étoile, fleur, papillon, etc.* — Très belles figures colorées. En tournant l'analyseur, on ne peut changer les couleurs qu'en les faisant passer à la teinte complémentaire, par exemple du rouge au vert. Si l'on veut obtenir une plus grande variété de teintes, il faut recourir à la polarisation elliptique ; il suffit de faire tourner devant la lame un mica d'un quart d'onde, que l'on aura placé dans le porte-cristal C du diaphragme à trous.

DEUXIÈME SÉRIE. — *Polarisation rotatoire.*

Quartz perpendiculaire de grande dimension. — Les figures que l'on obtient devraient être à teintes plates et le seraient certainement si la lumière était bien parallèle ; mais, comme elle est divergente, les diverses parties des lames ne sont pas traversées sous la même épaisseur, et par conséquent on voit, ici surtout, où les lames sont épaisses, des changements de teinte qui altèrent un peu les figures normales. C'est un inconvénient dont il faut prendre son parti, parce qu'on ne pourrait le faire disparaître qu'en compliquant l'appareil.

A. *Améthyste.*

B. *Quartz anormaux divers.*

C. *Quartz à deux rotations.* — Il est bon que ce quartz ait une épaisseur qui donne la teinte sensible quand le Nicol est à l'extinction. Alors, quand on tourne le Nicol, les deux moitiés de la lames séparées par une ligne noire frangée revient l'une au bleu, l'autre au rouge.

D. *Biquartz prismatique de Soleil.* — Il est formé par deux prismes égaux de quartz droit et gauche, accolés par leurs bases triangulaires et achromatisés par un prisme de crown, de même angle, collé sur le plan hypothénuse commun. Quand l'analyseur est à l'extinction, cette lame composée donne un seul spectre dont les couleurs correspondent à l'inégale épaisseur du quartz; mais si l'on tourne l'analyseur, les couleurs varient en sens contraire dans les deux prismes, et le spectre d'abord unique se sépare en deux spectres juxtaposés dont les couleurs ne se correspondent plus.

E. *Polariscope de Sénarmont.* — Il est formé, en remplaçant dans l'appareil précédent le prisme de crown par deux prisme de quartz, de rotations contraires, mais disposés en sens inverse des premiers.

Quand l'analyseur est à l'extinction, cet appareil donne dans chaque moitié une ligne noire de même direction; mais, dès que l'analyseur tourne, les deux lignes noires se séparent.

TROISIÈME SÉRIE. — *Double réfraction irrégulière.*

A. *Verres trempés* de différentes formes.

B. *Lames bataviques*, soit nues, soit placées dans une cuve à faces parallèles, remplie d'acide phénique.

C. *Verre chauffé.* — Ces verres donnent des lignes noires, ou même des couleurs tant qu'ils s'échauffent. Lorsqu'une fois ils ont pris dans toute leur masse la température de la pince chaude dans laquelle ils sont placés, toute trace de trempe disparaît. Si en ce moment on enlève le verre, qui est chaud, pour refroidir la pince seule, en la plongeant dans l'eau froide, et si l'on remet le verre chaud dans la pince froide, les couleurs de la trempe reparaissent.

D. *Verre comprimé.* — L'axe de pression étant dans l'azimut 45 degrés.

E. *Verre ployé.* — Le Nicol étant toujours à l'extinction,

si l'on ploie la lame lorsqu'elle est dans l'azimut 45 degrés, on voit une ligne courbe noire se former au milieu. L'image peut être colorée, en mettant dans le porte-cristal C, devant le diaphragme à trous, une lame parallèle mince, par exemple le quartz parallèle qui donne le rouge de ce second ordre. Si la section principale du quartz est parallèle à la lame, on voit dans l'image projetée la courbe noire qui devient rouge, tandis que la lame devient verte dans la partie convexe et jaune dans la partie concave. La partie convexe ou dilatée de la lame a donc agi sur le quartz pour augmenter son épaisseur ; elle a donc pris une double réfraction, de même signe que le quartz ou *positive*, tandis que la partie concave ou comprimée est devenue *négative*. Le verre comprimé de l'expérience D produit un effet analogue.

F. *Verre vibrant.* — Ce verre, dans les parties nodales, se comporte comme un verre comprimé.

G. Les plaques de plusieurs substances, comme la corne, les gommes, les résines, la colle forte, etc., donnent des couleurs comme les verres trempés.

Spectres cannelés. — L'expérience des spectres cannelés, qui ne réussit bien qu'avec une lumière très intense, comme celle du soleil ou de la lampe électrique, se fait dans la lumière parallèle.

On enlève donc le focus F, puis on met devant le diaphragme à trois une fente verticale.

On ajoute à la lentille L la lentille divergente qui allonge son foyer, et l'on enlève la lentille du Nicol, ou bien on la remplace par un prisme biréfringent, et l'on projette l'image de la fente sur le tableau ; en un mot, on dispose l'appareil comme il a été dit précédemment.

En dévissant la monture de l'analyseur, on voit qu'elle porte au dedans un tube court ; on y introduit un petit prisme à vision directe, on remet la monture en place et l'on tourne le tube jusqu'à ce que l'arête du prisme soit parallèle à la fente. On voit alors sur le tableau un ou deux spectres, suivant qu'on analyse avec le Nicol ou avec le prisme biréfringent. On met l'analyseur au zéro, ce que l'on reconnaît à ce caractère que le spectre extraordinaire est éteint.

Si ensuite on place devant la fente une lame cristallisée, dont la section principale soit à 45 degrés, on voit les spectres se séparer de bandes traversales noires qui sont d'autant plus serrées que la lame est plus épaisse.

On peut faire la même expérience avec un quartz perpendiculaire. S'il n'est pas trop épais, on voit naître dans le spectre une large bande noire qui s'avance vers le bleu, quand on tourne l'analyseur dans le sens de la rotation du quartz (ce sens étant déterminé par un œil placé derrière le tableau). Avec des quartz perpendiculaires plus épais, on peut avoir plusieurs bandes et même le spectre tout à fait cannelé.

2° *Expériences de M. Desains.*

On peut aussi, avec l'appareil Duboscq, projeter l'expérience de M. Desains sur les deux nappes de la surface de l'onde du spath, en modifiant l'appareil de la façon suivante.

Dans le support qui est près de la source, on ne laissera que le diaphragme à trous, dont on choisira la plus grande ouverture. Dans la virole C on introduira une bonnette qui porte un diaphragme circulaire avec trou central, et par derrière une petite lentille très convergente. Il sort de ce diaphragme deux faisceaux de lumière, l'un cylindrique et l'autre formé par une nappe conique très convergente.

Dans le support tourné vers le tableau, on ne laissera que la lentille L, et en faisant glisser le support, on projettera l'image du diaphragme. On verra alors sur le tableau un grand anneau lumineux dont le centre sera marqué par un petit disque, image du trou central.

On a enlevé le support à pince P; on le remplacera par un support à tablette sur lequel on placera, devant le diaphragme, un grand spath taillé en lame épaisse suivant trois directions :

La première est normale à l'axe de la lame;

La deuxième est parallèle à l'axe;

La troisième est oblique, les faces étant les faces naturelles du rhomboèdre.

L'interposition du spath changeant le foyer de la lentille L, les images qu'il donne seront d'abord diffuses. On les rendra nettes en déplaçant le support de la lentille; mais, en se rappelant que les indices du spath sont différents, on comprend que les deux images ne peuvent pas être en même temps d'une netteté parfaite.

A. Si le spath est *perpendiculaire* à l'axe, on voit sur le tableau deux anneaux concentriques; l'anneau intérieur est ordinaire.

B. Si le spath est *parallèle* à l'axe, l'image ordinaire est un anneau circulaire; l'image extraordinaire est une ellipse ayant le même centre, mais coupant le cercle en quatre points.

C. Si le spath est *oblique*, l'image ordinaire est toujours le même anneau, et l'image extraordinaire est encore une ellipse; mais l'ellipse et le cercle n'ont pas le même centre et se coupent en deux points. Les disques qui marquent les centres des deux images sont les deux images du trou central.

L'expérience est encore plus intéressante dans la lumière polarisée, surtout si l'on colore les images avec un quartz; mais il faut alors polariser avec un gros Nicol, le polariseur biréfringent donnerait deux faisceaux qu'on ne pourrait plus séparer, et, par conséquent, l'effet serait nul.

Lumière convergente.

L'appareil pour la lumière convergente est représenté tout entier dans la figure 105. Nous avons déjà vu que le focus F fait converger les rayons au delà du diaphragme à trous T. Comme il est ici plus important que jamais d'éliminer complètement le rayon extraordinaire, nous choisirons donc le plus petit trou du diaphragme, ou mieux encore nous placerons en C un diaphragme portant un trou qui aura au plus 5 millimètres de diamètre.

C'est un peu au delà de ce trou qu'est le foyer du focus F,

et c'est un peu en deçà que nous placerons le cristal tenu avec la pince mobile P.

Les rayons du cône de lumière incidente, après s'être coupés dans l'intérieur du cristal, tomberont divergents sur la petite lentille I, montée sur le même support que la pince pour être très près du cristal. Cette lentille très convergente (diamètre 2 centimètres, foyer 2 centimètres) réunira tous ces rayons sur la grande lentille de champ L. Celle-ci les rendra convergents et les fera tous passer à travers le Nicol A, dont la lentille pourra être enlevée si l'on veut. En faisant glisser le support analyseur sur sa règle, on trouvera une position qui projettera distinctement sur le tableau les franges produites par le cristal et on les amènera au centre du champ par un mouvement convenable de la pince P.

PREMIÈRE SÉRIE. — *Cristaux uni-axes perpendiculaires.*

A. *Anneaux du spath.* — Croix noire, croix blanche, croix grise.

B. Anneaux de divers autres métaux. En superposant à un cristal positif un prisme de spath perpendiculaire, on fait disparaître la coloration des anneaux comme dans l'apophyllite.

C. Anneaux de la glace (placée dans une petite cuve) à faces parallèles.

D. Cristaux singuliers, spath hémitrope.

E. Hémitropie artificielle. Elle se produit avec un mica d'un quart d'onde placé dans l'azimut 45 degrés, entre deux quartz perpendiculaires de même épaisseur.

F. *Anneaux d'Airy.* — Ils se produisent quand on place d'un côté du cristal un mica d'un quart d'onde dans l'azimut 45 degrés. Ces anneaux sont formés de quatre segments complémentaires. Les deux plus petits ressemblent à deux taches placées de chaque côté du centre; ces taches servent à reconnaître le signe des cristaux. Quand la ligne des taches et l'axe du mica sont croisés (+), le cristal est positif; quand ces directions se superposent (—), le cristal est négatif.

G. *Anneaux sans croix.* — On les produit en mettant de

chaque côté du cristal deux micas d'un quart d'onde parallèles ou croisés dans l'azimut 45 degrés. Ces anneaux sont à centre noir si les micas sont croisés et le Nicol à l'extinction. Ils deviennent complémentaires si l'on tourne de 90 degrés, soit le Nicol, soit l'un des micas.

H. *Franges dans la lumière polarisée elliptiquement.* — Dans les anneaux d'Airy, la lumière était polarisée rectilignement d'un côté et circulairement de l'autre; dans les anneaux sans croix, elle était polarisée circulairement des deux côtés. Il suffit de déplacer l'un ou l'autre des micas, ou tous les deux à la fois, pour que la lumière soit polarisée elliptiquement, et l'on voit alors les anneaux se déformer.

DEUXIÈME SÉRIE. — *Cristaux à pouvoir rotatoire.*

A. *Anneaux du quartz.* — La croix noire ne va pas jusqu'au centre; en tournant l'analyseur, les anneaux s'agrandissent ou se rapetissent suivant le sens de la rotation du quartz.

B. *Spirale d'Airy.* — Placez le Nicol à l'extinction et mettez devant le diaphragme un mica d'un quart d'onde dans l'azimut 45 degrés; les anneaux du spath se déformeront, le premier se transformera en deux spirales qui s'enrouleront (à partir du centre) dans le sens de la rotation du quartz.

C. *Double spirale d'Airy.* — On l'obtient par la superposition de deux quarts de rotations contraires et de même épaisseur. Les quatre branches des spirales s'enroulent (à partir du centre) dans le sens de la rotation du quartz qui est le plus près de l'analyseur.

D. *Quartz singulier.* — Les macles dans le quartz ne sont pas rares, et il en résulte qu'on peut obtenir dans le même cristal des anneaux sans croix, des anneaux avec croix et les doubles spirales d'Airy, soit droites, soit gauches. On obtient, notamment, cette double spirale avec le quartz à deux rotations, en faisant tomber la lumière sur le milieu de la macle, c'est-à-dire cette partie qui donnait des franges parallèles dans la lumière parallèle.

E. On obtient les phénomènes du quartz avec d'autres cristaux, tels que le cinabre, le sulfate de strychnine, le périodate de soude et les hyposulfites de potasse, de plomb et de strontiane; mais presque tous les échantillons sont trop petits pour la projection.

TROISIÈME SÉRIE. — *Cristaux obliques.*

Les cristaux obliques isolés ne donnent des franges que dans la lumière homogène (flamme de l'alcool salé). Ce sont des arcs de courbe dont il est souvent impossible de distinguer la nature, mais qui, en réalité, sont toujours des courbes du second degré, ellipses, paraboles, hyperboles, suivant la taille du cristal, c'est-à-dire suivant l'inclinaison de l'axe.

La lumière homogène est encore nécessaire pour observer les franges des cristaux obliques superposés de manière que leurs sections principales soient parallèles sans que leurs axes le soient. Quand ils ont même épaisseur, ils donnent alors les franges curieuses découvertes par Ohrn : 1° des ellipses centrées, quand l'inclinaison de l'axe est moindre que celle qui donnerait des paraboles avec les cristaux isolés; 2° des lignes droites dans ce cas limité; 3° des hyperboles centrées conjuguées, mais non équilatères, si le cristal est plus oblique.

Il n'en est plus de même quand les sections principales des deux cristaux sont croisées; nous supposerons encore les cristaux de même épaisseur. On peut alors observer et projeter leurs franges dans la lumière blanche. Ce sont toujours des hyperboles conjuguées équilatères; mais ces hyperboles ne sont centrées que quand les cristaux sont parallèles à l'axe. Pour bien voir ces franges, il faut toujours mettre le Nicol à l'extinction et les sections principales des lames dans l'azimut 45 degrés.

A. *Quartz parallèles croisés.* — Hyperboles centrées, conjuguées et équilatères.

B. *Spaths parallèles croisés.* — Les franges sont les mêmes, elles ont souvent plus d'éclat.

C. *Gypses de clivage croisés.* — Les franges sont encore les mêmes, quoique le gypse soit un cristal biaxe. On les obtient donc avec toute espèce de cristaux, pourvu qu'ils soient taillés parallèlement au plan des axes.

D. Les sommets des hyperboles sont toujours dans les deux sections principales des cristaux et, par conséquent, leurs asymptotes sont sur les bissectrices de ces sections. Avec notre système de projection, elles sont donc l'une verticale et l'autre horizontale; mais elles ne seront marquées par une croix noire que si les deux cristaux ont bien exactement la même épaisseur. On peut compenser la différence d'épaisseur et obtenir la croix noire en ajoutant une lame parallèle orientée convenablement, par exemple un mica que l'on fera tourner autour du rayon devant le diaphragme C.

E. *Hyperboles mobiles de Savart.* — On les obtient avec deux quartz parallèles prismatiques glissant l'un sur l'autre, ou plus simplement avec deux quartz parallèles prismatiques (comme ceux du compensateur de Bobinet) collés ensemble et que l'on fait glisser dans le faisceau lumineux. Dans les deux cas, on trouve toujours une position pour laquelle le rayon traverse les deux quartz sous la même épaisseur, et alors les asymptotes sont marquées par une croix noire.

F. *Quartz·obliques croisés, polariscope de Savart.* — Les franges sont des queues d'hyperboles qui, vues dans une petite étendue, ressemblent à des lignes droites parallèles. Ces lignes sont toujours parallèles à l'une des bissectrices des sections principales. En tournant le système des deux lames, on voit que la frange centrale est noire quand elle est verticale, comme le plan de polarisation de la lumière incidente. La direction de la frange noire sert donc à reconnaître le plan de polarisation.

QUATRIÈME SÉRIE. — *Cristaux biaxes perpendiculaires.*

Quand les cristaux biaxes ne sont pas très bien taillés, il faut un peu tâtonner avec la pince P pour amener leurs franges sur le tableau; mais on y parvient toujours pourvu que ces cristaux ne soient pas trop minces et que leurs axes ne soient pas trop écartés.

A. *Cristaux perpendiculaires à l'un des axes.* — Les franges sont des anneaux traversés par une ligne noire qui tourne avec le cristal en restant toujours perpendiculaire au plan des axes. Ces anneaux se distinguent de ceux des uniaxes non seulement par l'absence de la croix, mais encore par leurs grandeurs relatives. Ils sont, en effet, équidistants, c'est-à-dire que leurs rayons croissent comme les nombres naturels 1, 2, 3, 4..., tandis que les anneaux des uniaxes ont des rayons qui croissent comme les racines carrées des mêmes nombres.

B. *Cristaux perpendiculaires à la ligne moyenne.* — Les franges sont des lemniscates coupées par une hyperbole noire dont les deux branches passent toujours par leurs pôles, c'est-à-dire par le centre des anneaux qui font partie du système de ces courbes. Elles ont leur maximum d'éclat quand la ligne des pôles est dans l'azimut 45 degrés (le Nicol analyseur est toujours supposé à l'extinction). Dans ce cas, les deux lignes neutres hyperboliques sont équilatères et ont pour axe la ligne des pôles. Si, au contraire, la ligne des pôles est dans l'azimut 0 (ou 90 degrés), les deux lignes neutres forment une croix noire. Dans les cristaux à axes peu écartés les franges ont alors quelque ressemblance avec les anneaux uniaxes.

C. *Signe des cristaux biaxes.* — Quand la ligne des pôles est dans l'azimut 45 degrés, si l'on place sur le trajet des rayons lumineux (par exemple derrière la lentille I) un quartz perpendiculaire, et qu'on le fasse tourner autour d'une ligne parallèle ou perpendiculaire à la ligne des pôles, il y a une des rotations qui produira l'effet que voici : les anneaux qui entourent les pôles s'allongeront, ils finiront par venir se rencontrer au centre du champ pour former la courbe en 8 ; puis cette courbe se fixera et ses deux branches s'écarteront perpendiculairement à la ligne des pôles. Dans ce cas, si l'axe de rotation du quartz est perpendiculaire à la ligne des pôles, de telle sorte que ces deux lignes, en se superposant, forment le signe $+$, le cristal est positif; si, au contraire, les lignes sont parallèles, de sorte qu'en se superposant elles forment le signe —, le cristal est négatif.

D. *Cristaux maclés, aragonite.* — Les macles ne sont pas rares dans les biaxes et surtout dans l'aragonite. Le système des lemniscates, au lieu d'être simple, peut être double ou même triple.

E. *Cristaux croisés.* — Les biaxes perpendiculaires croisés montrent quatre systèmes d'anneaux sur les bords du champ et, vers le centre, des courbes semblables à des hyperboles conjuguées. Exemple : aragonites, micas, topazes, titanites, etc., perpendiculaires à la ligne moyenne et superposés, de manière que les plans des axes soient perpendiculaires entre eux.

F. *Cristaux à axes de diverses couleurs croisés.* — Les mélanges des deux sels de Seignette donnent des cristaux dans lesquels le plan des axes rouges est perpendiculaire à celui des axes bleus. Il en est de même de quelques cristaux naturels, tels que la brookite, la glaubérite, le mellilate d'ammoniaque, etc. Les franges ressemblent aux précédentes. Si la lumière est assez intense, on peut observer avec un verre rouge et avec un verre blanc; on voit alors les deux systèmes d'axes séparément.

Cinquième série. — *Déplacement des axes par la chaleur.*

Ce déplacement s'observe dans plusieurs cristaux, tels que la glaubérite, le feldspath, la kaluzite, le gypse. Dans le premier, la chaleur produit un écart des axes; dans le second, les axes s'écartent ou se rapprochent; dans les deux derniers, la chaleur rapproche d'abord les axes puis les écarte ensuite dans un plan perpendiculaire au premier. C'est dans le gypse que le phénomène est le plus brillant.

Les cristaux qui doivent être chauffés sont taillés perpendiculairement à la ligne moyenne et montés sur une lame de cuivre que l'on place dans la pince P. Quand les franges sont projetées, on chauffe l'extrémité de la lame avec une lampe à alcool; la chaleur se propage de proche en proche jusqu'au cristal, et l'on voit les lemniscates se déplacer sur le tableau.

Pour le gypse surtout, il faut prendre garde d'aller trop loin, car la chaleur le rendrait opaque en le transformant en plâtre. On évitera cet inconvénient en enlevant la lampe lorsque les axes seront rapprochés jusqu'au contact; la chaleur continuant à se propager, alors le cristal poussera les axes dans un plan perpendiculaire au premier, puis ils reviendront à leur position primitive lorsque le gypse se refroidira.

Dans les figures suivantes, nous résumerons en quelque sorte toutes ces expériences.

Lumière parallèle :

Première série. — Polarisation blanche. — Polarisation par réflexion. — Polarisation par réfraction (*fig. 121*).

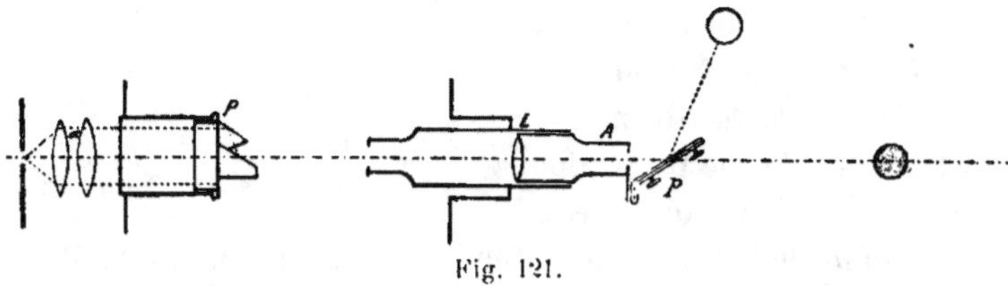

Fig. 121.

a. Condensateur de la lanterne à projection donnant des rayons parallèles.

P. Polariseur Delezenne.

L. Lentille de projection fixée dans le tube A.

p. Pile de glaces, analyseur. Polarisation par double réfrac-

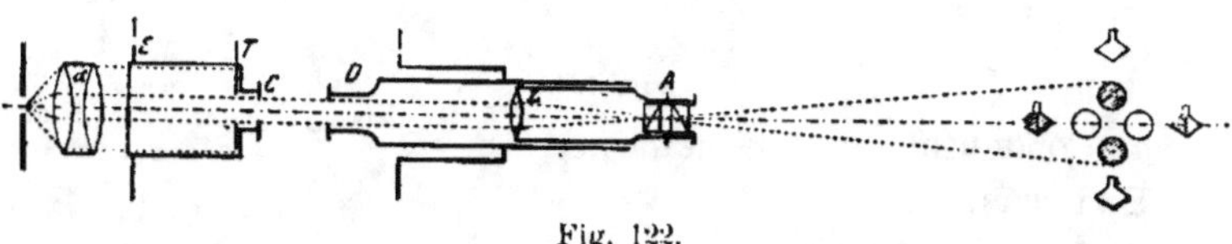

Fig. 122.

tion, par un Nicol, par une tourmaline. — Expérience des rhomboèdres d'Huygens (*fig. 122*).

a. Condensateur de la lanterne donnant des rayons parallèles.

T. Diaphragme à trous.

D. Diaphragme en losange.

L. Lentille de projection fixée dans le tube.

A. Prisme biréfringent, simple ou double, pour analyseur.

Deuxième série. — Dichroïsme.

Troisième série. — Polarisation chromatique.

Quatrième série. — Polarisation rotatoire. (Saccharimètre Soleil-Duboscq). — Spectres cannelés (*fig. 123*).

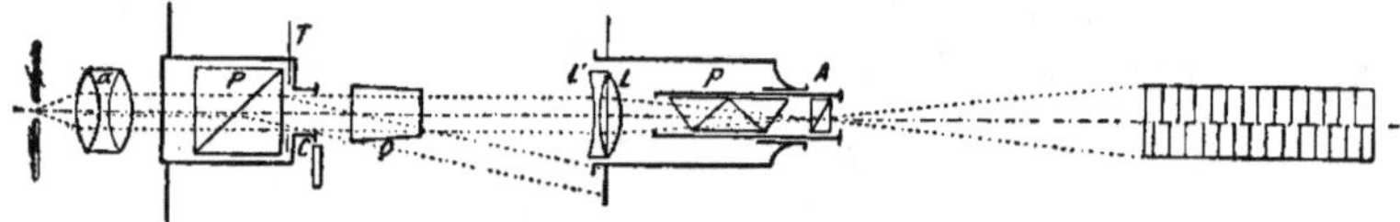

Fig. 123.

a. Condensateur de la lanterne.

P. Polariseur biréfringent.

T. Diaphragme à trous.

C. Ouverture rectiligne.

LL'. Lentilles de projection.

P. Prisme à vision directe.

Q. Canon de quartz perpendiculaire posé sur une tablette.

Cinquième série. — Polarisation circulaire et elliptique.

    Lumière divergente :

Première série. — Polarisation chromatique (*fig. 124*).

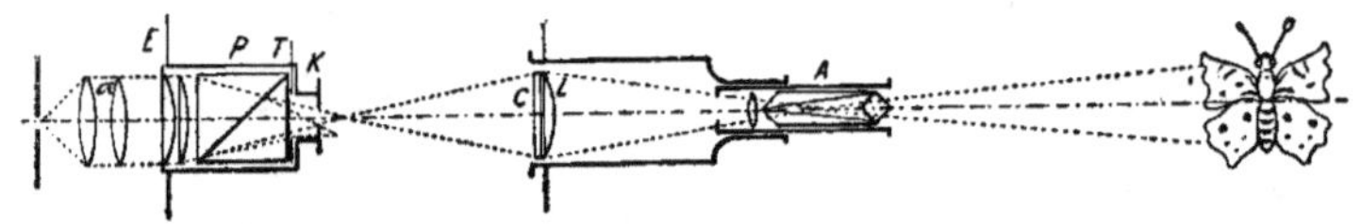

Fig. 124.

a. Condensateur de la lanterne.

E. Focus.

P. Polarisateur biréfringent.

T. Diaphragme à trous.

K. Bonnette à trou de 5 millimètres.

C. Lame de gypse.

L. Lentille convergente.

A. Nicol analyseur avec sa petite lentille.

Lumière convergente :

Projection des cristaux à un axe. — Anneaux du spath (*fig. 125*).

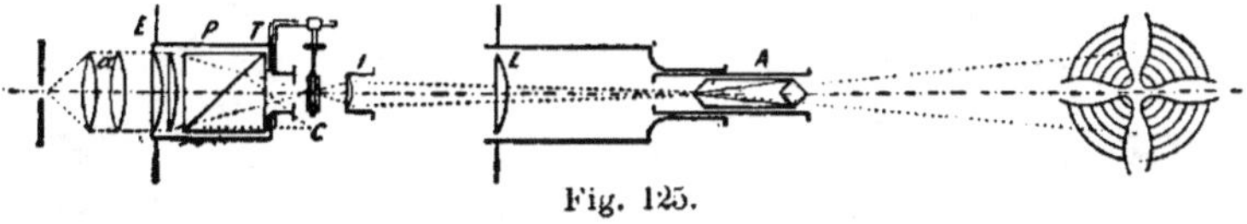

Fig. 125.

a. Condensateur de la lanterne.

E. Focus.

P. Polariseur biréfringent.

T. Diaphragme à trous.

C. Bonnette à ouverture de 5 millimètres.

I. Petite lentille convergente.

L. Lentille convergente.

A. Nicol analyseur.

On peut étudier : les cristaux à pouvoir rotatoire, les cristaux obliques, les lames de mica donnant la polarisation circulaire elliptique.

Projection des cristaux à deux axes (*fig. 126*).

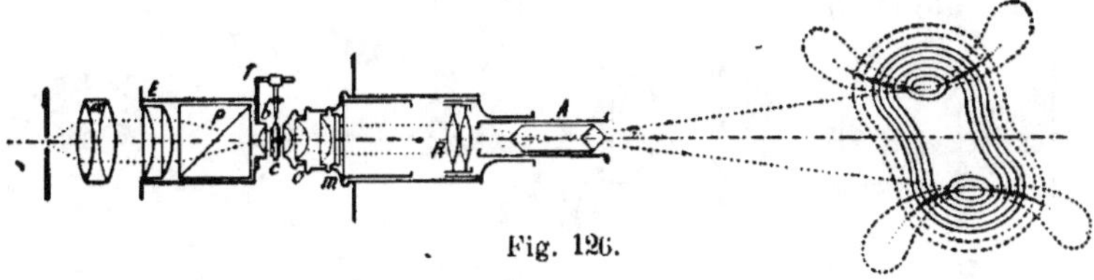

Fig. 126.

a. Condensateur de la lanterne.

E. Focus.

P. Prisme biréfringent polariseur.

T. Diaphragme à trous.

b. Petite lentille de 5 millimètres de diamètre.

c. Cristal maintenu dans sa pince.

o. Objectif du microscope.

m. Micromètre divisé sur glace.

R. Système de lentilles de projection.

A. Nicol analyseur.

On peut avec cette disposition d'appareil, avec un Nicol et un spath de Desains, projeter les expériences de Desains en lumière naturelle ou polarisée.

La figure 127 représente la projection de deux rayons lumineux, l'un cylindrique et l'autre conique, traversant un

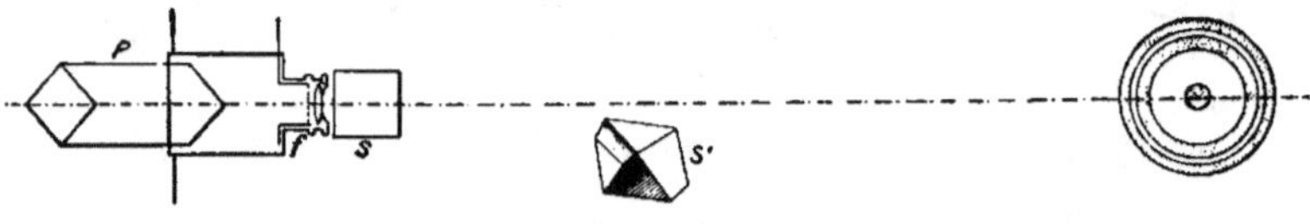

Fig. 127.

spath suivant son axe; la figure 128 suivant une direction perpendiculaire à cet axe, et enfin la figure 129 suivant les faces du clivage.

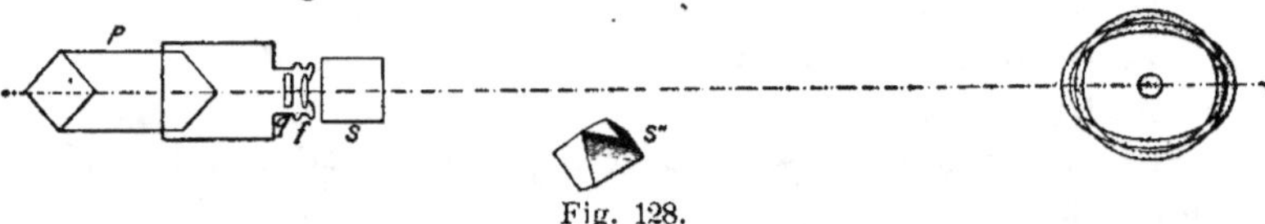

Fig. 128.

Figure 127, mêmes dispositions que pour l'expérience précédente. On ajoute P polariseur dont la section principale est verticale ou horizontale (*fig. 129*).

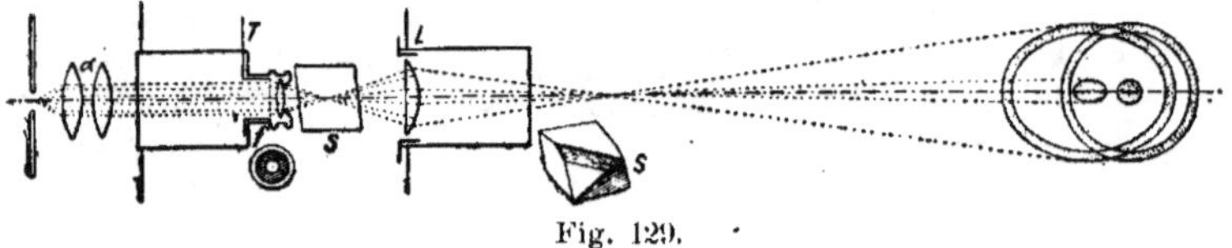

Fig. 129.

a. Condenseur de la lanterne.

T. Diaphragme à trous.

f. Diaphragme circulaire à trou central.

S. Spath posé sur une petite tablette.

L. Lentille à projection.

A ces renseignements généraux nous ajouterons encore les deux notes suivantes :

A. Bertin : sur les houppes des cristaux polychroïques [1].

1. *Journal de physique*, 1879, p. 213.

Quand on regarde le ciel blanc et par conséquent non polarisant à travers une lame d'andalousite taillée perpendiculairement à l'un des axes optiques, on observe de chaque côté de l'axe deux secteurs sombres sur un fond brillant : c'est ce qu'on appelle les *houppes*.

Le même phénomène se produit dans la cordiérite, l'épidote, l'axinite, le mica et la topaze.

Les houppes de la cordiérite sont faibles, celles de l'épidote sont au contraire très apparentes et colorées sur les bords ; on les voit même dans les cristaux naturels, mais il faut les chercher, tandis qu'elles apparaissent de suite dans les lames perpendiculaires à l'un des axes. Celles de l'axinite sont encore plus colorées. Le mica se clivant perpendiculairement à la ligne moyenne, il faut chercher ses houppes obliquement dans la direction des axes ; on les trouve alors par paires, et, comme on peut aussi observer les lemniscates au microscope polarisant, on constate que les houppes sont perpendiculaires au plan des axes : c'est ce qui a lieu dans tous les cas.

Les plus belles houppes sont celles de l'andalousite.

En résumé, on trouve des houppes dans les cristaux suivants : cordiérite, épidote, mica, axinite, topaze, diopside, andalousite, sel de Sénarmont (azotate de strontiane colorée au bois de campêche), acétate de cuivre, clinochlore, platinocyanure d'yttrium.

Si au lieu de regarder ces lames sur un ciel blanc nous les observons sur un ciel bleu, qui réfléchit de la lumière partiellement polarisée, le phénomène change d'aspect ; les houppes se couvriront d'anneaux traversés par une ligne neutre blanche ou noire et qui se déplacera avec le cristal. Il importe donc d'étudier les houppes dans la lumière polarisée.

Nodot : sur quelques expériences de réfraction conique [1] :

Jusqu'ici ce sont surtout les cristaux d'aragonite qui ont servi à manifester le phénomène de la réfraction conique. Mais les cristaux suffisamment épais sont rares, et M. Nodot

---

1. *Journal de physique*, 1875, p. 166

les a remplacés par les trois substances suivantes : le sucre, le bichromate de potasse et l'acide tartrique. La taille des premiers ne réclame aucun tâtonnement, car une face naturelle pour le sucre et une face de clivage pour le bichromate se trouvent être normales à l'un des axes optiques. Pour l'acide tartrique il n'en est pas de même, et il faut chercher par tâtonnement la direction des faces à travers lesquelles on verra l'un des axes.

Nodot : sur les cannelures de MM. Fizeau et Foucault[1].

Ayant à préparer l'expérience des cannelures du spectre, dues à l'interposition d'un corps biréfringent, j'ai eu l'idée d'y employer, au lieu de deux prismes de Nicol, deux gros rhomboèdres de spath d'Islande dont les sections principales étaient antiparallèles : les cannelures vinrent plus nettes et plus vives que jamais.

Entre le prisme qui, armé de sa lentille, donne sur le tableau un spectre réel très net et la fente verticale du porte-lumière, on interpose l'ensemble des deux spaths, assez écartés l'un de l'autre pour qu'on puisse y insérer le quartz, parallèle à l'axe, générateur des cannelures. Leurs sections principales étant horizontales, on obtient dans le trajet qui les sépare deux lignes lumineuses verticales, et à la sortie du dernier, à cause de l'antiparallélisme et de l'égalité d'épaisseur, une seule ligne lumineuse due à la superposition des deux précédentes. En intercalant le quartz (sa section principale 45 degrés de celle des spaths), au filet lumineux précédent s'ajoutent deux filets latéraux d'intensité sous-double, l'un à droite, l'autre à gauche. On aura les belles cannelures signalées plus haut si le prisme ne reçoit que le double filet central, ou encore s'il ne reçoit que les deux latéraux; elles disparaissent si les trois filets concourent tous également à la formation du spectre.

M. Duboscq a encore combiné un appareil rotateur pour montrer en projection :

La persistance des impressions sur la rétine, — la décompo-

1. *Journal de physique*, 1875.

sition de la lumière blanche par un prisme, — la recomposition par le spectre lui-même, — la dépolarisation par la rotation rapide de l'analyseur, — les plans d'extinction à angle droit des rayons ordinaires et extraordinaires.

Expériences avec le prisme à vision directe. — On place un diaphragme circulaire, dont on utilise un petit trou, en avant du condensateur de la lanterne à projection; on règle celui-ci de manière à donner des rayons parallèles; on projette le petit trou du diaphragme au moyen d'une lentille de 0^m33 ou 0^m50 de foyer; à la convergence des rayons, on place l'appareil rotateur sur lequel est monté un prisme à vision directe; en faisant tourner, on obtient un spectre circulaire.

Avec un prisme achromatique mis en avant du prisme à vision directe et qui peut se placer dans trois positions rectangulaires, au moyen de fentes et d'une goupille, on obtient des spectres annulaires avec le rouge ou le violet à l'intérieur ou à l'extérieur; ces spectres sont analogues à ceux produits par un prisme conique.

En plaçant la goupille du prisme achromatique dans la fente médiane, on obtient un spectre qui tourne tangentiellement au mouvement par une rotation rapide, et toutes les couleurs se superposent; on voit un disque annulaire blanc.

Expériences avec les prismes biréfringents. — L'appareil étant disposé de même façon, on supprime le prisme à vision directe et on le remplace successivement par les prismes biréfringents à une image centrée et une déviée et à deux images déviées.

1° Par rotation rapide, on voit en projection, avec le premier, deux disques, l'un circulaire et l'autre annulaire, d'égale intensité; avec le second, deux disques annulaires d'égale intensité.

2° On polarise le rayon incident en plaçant un polariseur entre la source lumineuse et le rotateur.

Avec le premier prisme, en tournant lentement, on voit que les rayons ordinaire et extraordinaire s'éteignent dans deux

azimuts rectangulaires *(fig. 130)*. Par une rotation rapide, on
a un disque circulaire qui paraît gris-blanc, résultant des posi-

tions respectives du polariseur et de l'analyseur, et
correspondant à l'extinction et à la
lumière; puis un disque annulaire
qui paraît lumineux suivant un diamètre et obscur dans le diamètre
rectangulaire *(fig. 131)*.

Fig. 130.   Avec le second prisme, on a deux   Fig. 131.

disques annulaires, lumineux et obscurs, dans deux azimuts
rectangulaires correspondants aux positions des sections principales des rayons ordinaire et extraordinaire *(fig. 132 et 133)*.

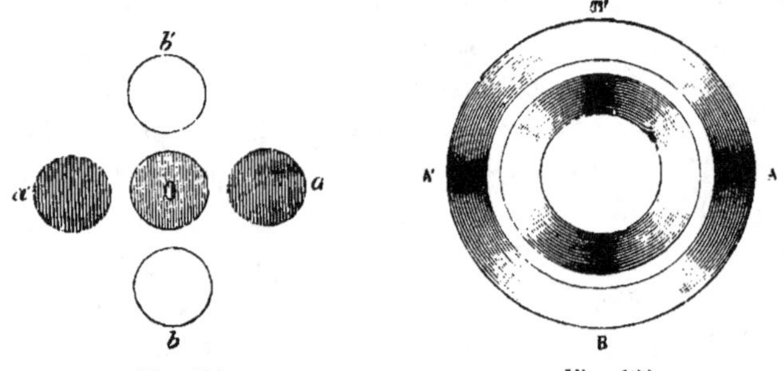

Fig. 132.   Fig. 133.

Enfin, on rend l'expérience particulièrement brillante en dis-

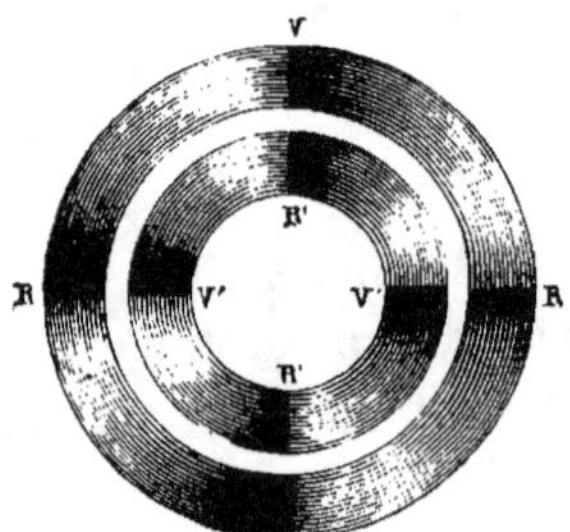

posant, entre le polariseur et l'appareil rotateur, un quartz perpendiculaire donnant alternativement le
rouge et le vert lorsque le polarisateur et l'un des rayons de l'analyseur
sont à l'extinction.

Avec le premier prisme on obtient
encore, par la rotation rapide, un
disque blanc *(fig. 134)* ayant sur un
même diamètre le rouge pour l'un,

Fig. 134.   le vert pour l'autre, et ces mêmes couleurs inversées dans un

diamètre rectangulaire.

On peut également reproduire ces expériences avec l'appareil Duboscq. On monte le rotateur sur cet appareil et on se sert de son polariseur, de son diaphragme circulaire et de sa lentille à projection.

L'appareil rotateur de Govi permet également de répéter toutes les expériences précédentes, mais il possède certaines modifications qui donnent des résultats plus nets et plus complets.

Il se compose d'une règle sur laquelle glissent un polariseur, un cylindre pouvant tourner dans deux colliers et portant un raccord à chacune de ses extrémités. Dans l'un, on peut fixer des diaphragmes à trous de différents diamètres, une fente rectiligne à largeur variable; dans l'autre, un prisme à vision directe, un prisme achromatique ou les prismes biréfringents; dans l'intérieur du cylindre se place également une lentille à projection; enfin, entre le polariseur et le cylindre, un support spécial qui reçoit soit un quartz droit, soit un quartz gauche, tous deux donnant le rouge.

L'expérience avec le prisme à vision directe est beaucoup plus nette qu'avec l'appareil Duboscq, car au lieu d'un petit trou fixe, on se sert d'une fente rectiligne qui tourne avec le prisme à vision directe et la lentille à projection.

On peut également, avec cet appareil, projeter l'expérience de Govi, montrant le sens de la rotation (droite ou gauche) du quartz employé. Pour cela, les rayons lumineux donnés par la lanterne traversent le polariseur de l'appareil, une plaque composée d'un quartz droit et d'un quartz gauche, un diaphragme à petit trou, une lentille de projection, qui fait l'image de ce trou sur l'écran, un prisme à vision directe centré sur le rouge, un Nicol dont la section principale est perpendiculaire à celle du polariseur. Au repos, on voit un spectre avec raies noires (franges d'interférence de Fizeau et Foucault); en tournant rapidement, on observe les spirales d'Airy, qui sont droites ou gauches, suivant le signe du quartz employé.

On peut enfin, avec la lumière électrique, projeter les raies des métaux dans les différentes raies du spectre.

Phénomènes de la vision. — L'étude des phénomènes de la vision se rattache intimement à celle de la lumière; c'est, en quelque sorte, le corollaire obligatoire et le plus intéressant de toutes les recherches des physiciens.

L'étude de l'œil sera faite, au point de vue anatomique, par les méthodes du naturaliste : coupes microscopiques, schémas, etc., ou par le physicien, au moyen de l'œil artificiel de M. Gariel.

La lentille à foyer variable du Dr Cuxo[1] rend pour ainsi dire palpable le phénomène de l'accommodation ; elle utilise l'élasticité du verre et, en particulier, ce fait qu'une lame de verre appuyée à ses extrémités et supportant en tous ses points une pression uniforme prend une courbure régulière qui, par des flexions limitées, ne s'écarte pas beaucoup d'une courbure circulaire.

L'appareil consiste essentiellement en un tambour métallique, de forme cylindrique, fermé à ses deux bases par deux lames de verres choisies parmi les plus régulières et maintenues contre les parois latérales par une fermeture étanche à l'aide de caoutchouc. L'intérieur du tambour peut être isolé à l'aide d'une tubulure munie d'un robinet; sur cette tubulure, on place un tube qui apportera les variations de pression et qui, d'autre part, met l'appareil en communication avec un manomètre à eau ou à mercure, suivant le degré d'exactitude que l'on veut atteindre dans les mesures. La pression est produite par l'action d'une poire en caoutchouc contenant aussi de l'eau et qu'il suffit de presser pour obtenir une variation notable. On peut, d'ailleurs, combiner la pression plus ou moins forte obtenue directement ainsi avec celle qui résulte des déplacements verticaux de la poire, et, par suite, on peut expérimenter dans des limites assez étendues.

Lorsqu'on veut se servir de cet instrument, on le remplit entièrement d'eau ou d'un liquide transparent que l'on introduit par une ouverture spéciale que l'on ferme ensuite hermétiquement. Si le liquide n'est soumis alors à aucune pression, les

---

1. *Journal de physique,* t. X, 1881, p. 76.

lames restent planes et l'appareil constitue une masse réfringente à faces parallèles. On est assuré que cette condition est remplie lorsque, dans le manomètre à eau, le niveau du liquide est à la hauteur du centre de la lentille. On peut alors vérifier facilement que le système ne produit aucune action convergente ou divergente, en s'assurant que, placé devant une lentille, il ne modifie pas sa distance focale.

Si l'on exerce alors une pression sur le liquide, même faible, le verre, en vertu de son élasticité, cède quelque peu, et d'autant plus facilement que l'on considère des points plus éloignés de la périphérie, de telle sorte que les deux lames deviennent courbes. Si ces lames ont la même élasticité dans tous les sens, les surfaces obtenues sont de révolution, et si, ce qui arrive en général, les lames ont la même épaisseur, les deux courbures sont égales ; on a donc une lentille biconvexe analogue, comme forme, à celles qu'on emploie le plus souvent.

On pourrait évidemment, si cela présentait quelque intérêt, avoir une lentille à courbures inégales, en mettant sur une des faces un verre plus épais que l'autre.

L'effet de la pression se manifeste nettement, par exemple de la manière suivante. Ayant obtenu une image réelle sur un écran à l'aide d'une lentille convergente devant laquelle on place l'appareil de M. Cuxo, si l'on vient à exercer une pression à l'intérieur de celui-ci l'image se trouble immédiatement, et, pour l'obtenir nette à nouveau, il faut rapprocher l'écran, ce qui prouve que le système optique est devenu plus convergent. On peut d'ailleurs, en augmentant encore la pression, diminuer la distance focale. Il y a cependant une limite qu'il ne faut pas dépasser, car les lames se briseraient ; cette limite, naturellement, dépend de la nature et de l'épaisseur du verre.

L'appareil, tel que nous venons de le décrire, peut être employé très avantageusement pour expliquer expérimentalement la théorie de la vision en ce qui touche à l'accommodation ; il permet aussi facilement de montrer les variations que subissent, dans l'accommodation, les images de Sanson, images produites par réflexion sur les deux surfaces de la lentille.

Mais la lanterne à projection servira surtout à l'étude de certaines particularités de la vision : persistance de la vision, vision des couleurs, erreurs de la vision, etc.

La plupart de ces faits se démontrent au moyen de disques peints, qui se placent dans un appareil très simple : le *pseudoptoscope* de Molteni. Celui-ci consiste essentiellement en une monture en bois portant une ouverture ronde; suivant un diamètre est disposée une mince tige de métal qui sert à supporter un arbre muni d'une petite poulie reliée par une corde sans fin à une plus grande poulie latérale munie d'une manivelle : on peut ainsi imprimer à l'arbre un mouvement de rotation plus ou moins rapide. On monte sur l'arbre une série de verres préparés qui permettent de faire les expériences suivantes :

Persistance de la vision. — On place dans l'appareil un disque de papier noir percé de deux ou trois trous sur les-

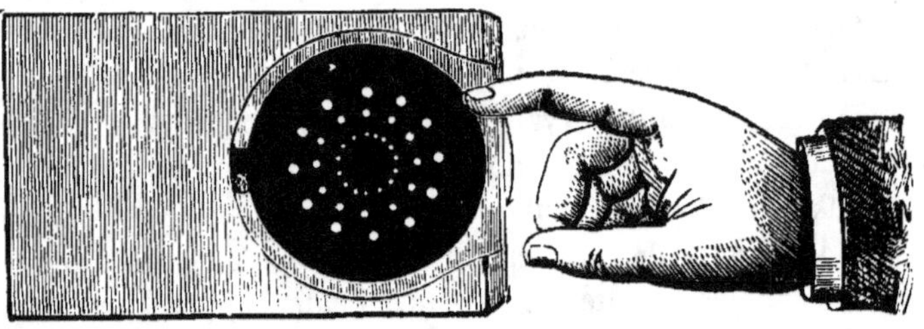

Fig. 135.

quels sont appliqués des morceaux de gélatine colorée. Lorsqu'on fait marcher lentement le disque ainsi préparé on suit facilement le mouvement de chacun de ces points, mais si la vitesse devient plus grande, chaque point forme un cercle continu.

L'appareil de Weatstone, appelé *l'eidotrope (fig. 135)*, produit les mêmes effets. Dans une monture en bois est pratiquée une ouverture circulaire, en arrière de laquelle est placé un disque en métal noirci percé d'un grand nombre de petits trous.

Ce disque peut tourner sur un axe monté sur un ressort en spirale, de telle sorte que, lorsqu'on imprime au disque un mouvement de rotation en donnant un coup de doigt à la circonférence, le ressort se met à vibrer et la résultante des deux mouvements, rotation et vibration, fait naître sur l'écran des séries de cercles qui se croisent et se recroisent dans tous les sens possibles, donnant lieu à des séries de courbes continuellement changeantes et d'un très curieux effet.

Le *pseudoptoscope* permet de faire de nombreuses expériences sur les couleurs; nous en citerons quelques-unes :

« *Nuances*. — Sur un disque de verre blanc est peinte une étoile à six ou huit branches; les espaces angulaires compris entre les branches sont recouverts d'une couleur différente; lorsqu'on met en mouvement cette étoile, du centre à la circonférence, les proportions de mélange des deux couleurs s'inversent et on obtient une teinte chatoyante dont les deux bords extrêmes ont la teinte propre de chacune des couleurs primaires, et l'espace compris entre les deux bords prend toutes les tonalités qui peuvent résulter du mélange de ces couleurs en proportions diverses. Si deux couleurs sont complémentaires, il se formera une zone blanche dans les parties où les deux teintes se mélangeront en parties convenables pour donner du blanc.

Rapidité de l'impression sur la rétine.

L'on place sur l'axe du pseudoptoscope un disque de verre transparent portant une croix noire tracée suivant deux diamètres; en mettant l'appareil en marche, on voit la croix disparaître, et le disque prend une coloration grise se rapprochant de plus en plus du blanc, du centre à la périphérie, à cause des inégalités de vitesse des divers points du disque. » (Molteni).

Mais le *stroboscope* de projection (*fig. 136*) du même constructeur donne encore de meilleurs résultats. Dans celui-ci, une monture en cuivre se fixe sur l'objectif de la lanterne et supporte un disque de carton noirci percé d'un certain nombre de fenêtres qui viennent successivement passer devant l'objectif, grâce à une corde sans fin manœuvrée par une poulie à manivelle.

Lorsque ce disque est mis en mouvement, le faisceau lumineux est obstrué à intervalles réguliers ; or, on peut régler la vitesse du disque stroboscopique de manière qu'elle soit égale à celle du disque du pseudostoscope.

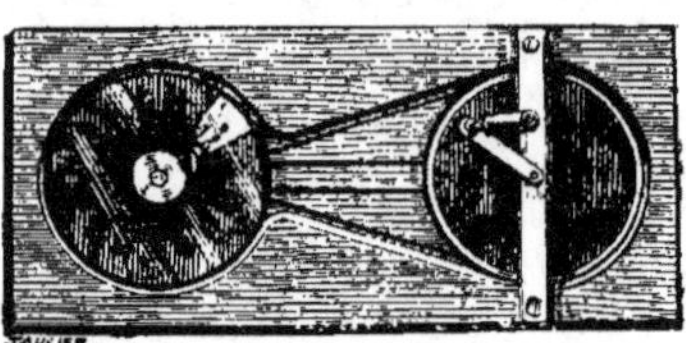
Fig. 136.

Dans ce cas, on apercevra une seule et unique croix immobile. Si la vitesse est inférieure à un rapport donné, on verra deux, trois, quatre croix superposées ; si les deux disques tournent dans le même sens et que le rapport des vitesses ne soit pas très exact, on verra une série de rayons se déplaçant d'un lent mouvement dans le sens général de la rotation ; si les deux disques tournent en sens inverse, on aura soit un mouvement rétrograde, soit une sorte de balancement rythmé.

Le *phénatisticope* de Plateau est basé sur les mêmes principes ; il a été adapté à la projection de la manière suivante : deux disques, l'un en carton léger, est percé d'une fenêtre étroite ; l'autre, en verre, porte sur sa circonférence différentes images qui ne sont autres que les phases d'un mouvement. Ces deux disques, montés sur un même arbre, tournent en sens inverse l'un de l'autre à l'aide de deux cordes sans fin actionnées par une poulie à manivelle ; leurs vitesses, convenablement calculées, sont différentes. Il se produit sur l'écran une série d'images disposées en couronne exécutant successivement un même mouvement ; mais il est préférable, pour rendre l'illusion plus complète, d'isoler un seul sujet au moyen d'un écran percé d'une fenêtre de grandeur voulue.

Choreutoscope. — Cet instrument, d'origine anglaise, donne des résultats du même genre. Sur un disque en verre ou en mica est peint, sur un fond noir, un sujet en six poses différentes ; ce disque est monté dans un cadre en bois percé d'une fenêtre ronde ne pouvant encadrer qu'un seul des sujets ; il tourne follement sur un axe et porte une croix de Malte à six échancrures qui engrène avec une petite roue ne portant qu'une dent. Celle-ci est mise en mouvement par une poulie à manivelle et une corde sans fin, et elle est munie d'un secteur en carton noir. Lorsqu'on agit sur la manivelle, la poulie, en tournant, entraîne le secteur qui vient passer devant la fenêtre et l'obstrue. En ce moment, la dent engrène avec la croix de Malte et lui fait faire un sixième tour, ce qui change le sujet. Celui-ci reste immobile, tandis que le secteur, continuant sa course, découvre le sujet, puis vient le recouvrir pendant que la pose suivante est amenée devant la fenêtre.

Ainsi, grâce à ce mécanisme, le changement des images est produit pendant l'obturation. Celles-ci se forment toujours au même point de l'écran. Elles ont une durée suffisante pour donner à la projection un grand éclat et permettre à l'œil d'en saisir tous les détails ; il en résulte une illusion très complète du mouvement.

Mais tous ces appareils sont éclipsés aujourd'hui par le cinématographe, et nous renvoyons à notre traité spécial[1] pour la description et la manœuvre de ces appareils.

Tout dernièrement, M. Gaumont a combiné un nouveau modèle qui donne des résultats très complets et supérieurs à tous ceux que l'on avait obtenus jusqu'à présent et que nous avons décrit.

Chromatropes. — Ici encore le phénomène de la persistance de la vision donne lieu à de très jolis effets et qui viennent varier les séances des projections purement récréatives.

---

1. L. Trutat, *la Photographie animée*, avec une préface de M. Marel chez Gauthier-Villars.

M. Fourtier[1] a étudié d'une manière toute spéciale cette question et c'est à cet auteur que nous empruntons les renseignements suivants :

On appelle *chromatrope* (*fig. 137*) une combinaison de deux disques, colorés de teintes vives, qui, tournant en sens inverse

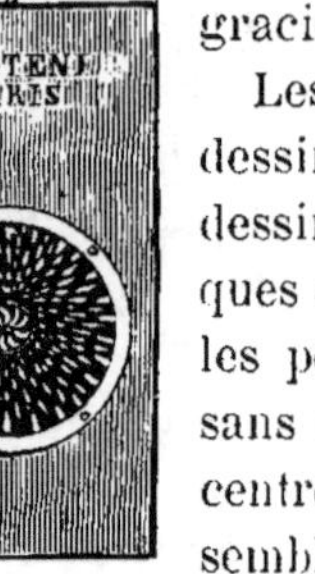

Fig. 137.

l'un de l'autre, produisent, par suite du phénomène de la persistance de la vision, les plus gracieux effets.

Les deux disques doivent porter un même dessin géométrique. La superposition des deux dessins face à face rend leurs lignes symétriques et, par suite de l'inversion des mouvements, les points de croisement de ces lignes tendent sans cesse à se rapprocher ou à s'éloigner du centre de rotation ; les rosaces ainsi obtenues semblent s'épanouir ou se contracter d'un mouvement continu.

Voici comment ces dessins doivent être exécutés. Sur une feuille de bristol on trace une circonférence dont on partage le pourtour en 8, 12 ou 16 parties ; on détermine la forme que doit avoir un des traits du dessin, du centre à la circonférence, et l'on reporte cette forme sur une bande de bristol que l'on découpe soigneusement avec des ciseaux, suivant le tracé adapté ; sur cette bande on a eu soin de marquer exactement le point de centre : on constitue ainsi une sorte de gabarit qui servira à préparer le tracé. La feuille de bristol sur laquelle doit s'exécuter le dessin est fixée sur une planchette à dessin par quatre punaises, et l'on pique au centre une épingle passant par le point de centre du gabarit ; il suffit dès lors de faire tourner ce dernier autour de l'épingle servant de pivot et d'en amener le bord successivement sur chacun des points de division de la circonférence. On trace alors sur le bristol le dessin en suivant le bord du gabarit avec un crayon taillé en

1. Fourtier, *les Tableaux des projections mouvementées*, chez Gauthier-Villars.

pointe fine : en peu de temps le tracé est achevé ; on le colorie avec de l'encre de Chine en teintes plus ou moins foncées, suivant l'effet à obtenir.

Ce dessin obtenu, on le réduit photographiquement à l'échelle voulue et on le reporte sur verre ; il n'y a plus qu'à le colorier.

Les disques ainsi obtenus se placent dans une monture spéciale. Dans une planchette de bois est pratiquée une ouverture circulaire dans laquelle se meuvent deux bagues en métal, dentées sur une de leurs faces latérales. Les deux dentures sont placées face à face et entre elles se meut un petit pignon actionné par une manivelle. Il résulte de la disposition même de cet engrenage que les deux bagues tournent en sens inverse sous l'action du pignon. Les disques du chromatrope sont simplement placés dans les bagues et maintenus en place par un anneau brisé en laiton formant ressort, ce qui permet de les changer facilement.

TABLE DES MATIÈRES

PREMIÈRE PARTIE. — APPAREILS.

CHAPITRE PREMIER.

LANTERNES A PROJECTIONS SCIENTIFIQUES.

CHAPITRE II.

APPAREILS D'ÉCLAIRAGE.

DEUXIÈME PARTIE. — APPLICATIONS A L'HISTOIRE NATURELLE.

TROISIÈME PARTIE. — APPLICATIONS A LA MÉTÉOROLOGIE.

QUATRIÈME PARTIE. — APPLICATIONS A L'ASTRONOMIE.

CINQUIÈME PARTIE. — APPLICATIONS A LA CHIMIE.

SIXIÈME PARTIE. — APPLICATIONS A LA PHYSIQUE.

CHAPITRE PREMIER.

PHYSIQUE GÉNÉRALE.

CHAPITRE II.

L'ACOUSTIQUE EN PROJECTIONS.

CHAPITRE III.

L'ÉLECTRICITÉ EN PROJECTIONS.

CHAPITRE IV.

OPTIQUE.

TABLE ALPHABÉTIQUE

A

B

C

D

TABLE DES FIGURES

Toulouse, Imp. DOULADOURE-PRIVAT, rue St-Rome, 39. — 88

EXTRAIT DU CATALOGUE

DE LA

Librairie Photographique

DE

CH^{ARLES} MENDEL

118 et 118 ʰⁱˢ, Rue d'Assas, 118 et 118 ʰⁱˢ

PARIS

BIBLIOTHÈQUE GÉNÉRALE DE PHOTOGRAPHIE

SPÉCIALITÉ D'OUVRAGES

ILLUSTRÉS PAR LA PHOTOGRAPHIE
D'APRÈS NATURE

Catalogues d'Expositions et Concours photographiques

OUVRAGES SCIENTIFIQUES, INDUSTRIELS, ARTISTIQUES

EMERY (H.). — **Formulaire pratique de Photographie**. 1897, brochure in-16 de 26 p. **0 50**
Indiquant les termes photographiques, les formules traitant du développement, du renforcement, du tirage, des procédés au charbon, enlèvement des divers voiles, etc.

FIXATON (Charles). — **Les Papiers collodionnés à pellicules transférables**. 1898, 1 vol. in-16, avec une épreuve transparente reportée sur celluloïd .... **2 »**
Dans un travail extrêmement consciencieux, l'auteur étudie toutes les applications qui peuvent découler de l'emploi général, comme surface sensible, d'un papier transfert de l'une des marques qui existent actuellement dans le commerce.

FIXOT (J.). — **La Photographie transcendantale**. Les esprits graves et les esprits trompeurs, 1898, 1 vol. in-16 de 45 p., broché avec 25 gravures et reproductions .... **1 »**

FISCH (A.). — **Traité pratique des Impressions Photo-mécaniques :**
Première partie. — **La Photolithographie**, 1 vol. grand in-8° de 90 pages avec planche en photolithographie **2 50**
Deuxième partie. — **La Photoglyptographie**. 1 vol. gr. in-8° de 45 pages avec planche. **2 50**
Troisième partie. — **La Photocollographie**, 1 vol. grand in-8° de 90 pages, avec deux planches en photocollographie **2 50**
M. A. FISCH a écrit ses livres comme il a exécuté ses travaux avec la même patience, la même conscience et la même logique. Son traité est très déductif, il initie à tous les genres d'impression photomécaniques et, dans chaque genre, à tous les procédés, nous en donnant toujours le *pourquoi*, nous décrivant complaisamment les *tours de main* qu'il a pratiqués et qui lui ont réussi.

FISCH (A.). — **La Photographie au Charbon**, et ses applications à la décoration du verre, de la porcelaine, du métal, du bois, des tissus, etc., ainsi que la production des portraits similicamaïeux, des photographies lumineuses, des lithophanies, des filigranes, suivie des procédés au bitume de Judée, de photocalque indélébile en noir et en couleurs, et de divers autres procédés pour la reproduction des dessins. 1894, 1 vol. in-16 de 185 pages contenant 8 reproductions tirées directement, d'après les planches préparées par l'auteur **3 50**

FISCH (A.). — **Nouveaux procédés de Reproductions Industrielles**, avec ou sans teintes modelées au moyen des sels d'argent, de platine, d'urane, de cuivre, de dessins, plans, gravures, portraits, vues, monuments, etc. 1 vol. in-16 de 140 pages **2 50**

GARNICHOT (Paul). — **Traité théorique et pratique de la Retouche des Epreuves Négatives et Positives**. 1899, 3° édition revue et augmentée. 1 vol. in-16 de 124 pages. **1 »**
Si l'on étudie le petit traité de M. GARNICHOT, on arrive, même sans avoir la moindre notion du dessin et de la peinture, à améliorer sensiblement les clichés, à les rendre plus artistiques, à corriger certaines erreurs du soleil, exagérant la lumière et les ombres dans les paysages, creusant les rides et faisant saillir sur les visages des protubérances désagréables.

GARNICHOT (Paul). — **Traité élémentaire de Chimie photographique**. Description raisonnée des diverses opérations photographiques. Développements, fixage, virages, renforcements, etc. 1898, 2° édition revue et augmentée. 1 vol. in-16 de 120 pages .. **1 »**

GARNICHOT (Paul). — **Traité pratique de la Préparation des Produits photographiques.**

Première partie. — **Préparation des produits chimiques** employés en Photographie. Tous les produits étudiés sont rangés par ordre alphabétique pour faciliter les recherches. 1899, 2° édition revue et augmentée. 1 vol. in-16 de 135 pages **1 50**

Deuxième partie. — **Préparations Photographiques** proprement dites. Etude et composition de tous les bains. Formules et préparations en usage dans les procédés négatifs et positifs. Traitement des résidus, etc. 1899, 2° édition revue et augmentée. 1 vol. in-16 de 120 pages **1 50**

GAUTIER (G.-E.-M.). — **La Représentation artistique des Animaux**. Application pratique et théorique de la photographie des animaux domestiques, particulièrement du cheval, arrêté et en mouvement. 1894, 1 vol. in-12, de 320 pages contenant 4 pl. hors texte. **5 »**

GIARD (Emile). — **Lettres sur la Photographie**. 1895, 1 volume grand in-4° écu, de 360 p. avec couverture artistique en 3 couleurs .... **12 »**
Ouvrage de grand luxe contenant de magnifiques portraits et 150 compositions originales de SCOTT, BERTREAULT, THIRIAT, MORENO, PARYS et une grande planche en phototypie.

GRABY. — **La Photographie des couleurs**. — Nouveau procédé à la portée de tous, 2° édit., revue et augmentée .... **2 »**

GUICHARD (P.). — **La Photographie sous-marine**. 1900, 1 vol. in-8° raisin de 78 p. illustré de 9 gravures et planches hors texte.. **3 »**
La Photographie instantanée au sein de l'élément liquide est un fait accompli et l'auteur a la bonne fortune de pouvoir reproduire, dans son intéressant ouvrage, de remarquables spécimens des résultats obtenus par les divers procédés dont il donne la description.

HÉLIÉCOURT (René d'). — **La Photographie en relief ou Photo-Sculpture** et ses principales applications, bas-reliefs, médaillons, lithophanies, terres cuites, filigranes et gaufrages, damasquinure, niellure, timbres en caoutchouc au trait et en demi-teintes, montages par voie galvanoplastique, procédés divers. 1898, 1 vol. in-16 de 85 pages avec fig. **1 25**
Cet ouvrage contient une étude très documentée au point de vue historique en même temps qu'un recueil précieux de recettes, procédés, tours de main, etc., qui seront de première utilité à l'amateur désireux de s'engager dans cette voie nouvelle.

JOUAN (P.). — **Formulaire photographique**. Recueil de recettes, procédés, formules d'usage courant en photographie, suivi d'un vocabulaire donnant l'explication de certains termes usités en photographie. 1901, 3° édition revue et augmentée. 1 vol. in-16............. **1 »**

MATHET (L.). — **Traité pratique de Photographie stéréoscopique**. 1899, 1 vol. in-16 de 125 p., illustré de 25 fig......... ...... **2 »**

MATHET (L.), chimiste. — **Les Insuccès dans les divers Procédés photographiques :**

Première partie. — **Procédés négatifs**. — Insuccès provenant du matériel, de la nature de l'éclairage du laboratoire, de la mauvaise qualité des préparations sensibles et des produits. Insuccès se produisant pendant les opérations du développement, du fixage, du renforcement, du vernissage, etc. 1 vol. in-12, de 165 pages................. **1 50**

TRAITÉ ÉLÉMENTAIRE
D'OPTIQUE PHOTOGRAPHIQUE

Par A. MULLIN

Professeur agrégé de physique au lycée de Chambéry.

Quelqu'un a dit, et le mot est d'une justesse frappante, que l'objectif est l'*âme* de la photographie. S'il en est ainsi, comment expliquer l'indifférence des photographes pour tout ce qui concerne l'optique.

On serait tenté de supposer qu'il n'existe pas d'ouvrages renfermant les connaissances qu'il serait indispensable pour eux d'acquérir. Les livres ne font pas défaut : il en est d'élémentaires et de savants.

Ce qui manque, peut-être, c'est un ouvrage possédant ce double caractère d'être complet, c'est-à-dire scientifique, et d'assimilation facile, c'est-à-dire accompagné de développements s'adressant au raisonnement du lecteur intelligent, et non pas à des connaissances déjà acquises, sans doute, mais indubitablement effacées.

C'est un ouvrage de ce genre qu'a voulu écrire M. Mullin, un ouvrage complet et populaire, un livre d'*enseignement* et de vulgarisation.

Dans la première partie, qui est consacrée à l'Optique instrumentale, il étudie les lois de la propagation de la lumière, les modifications qu'elle subit en traversant des milieux différents ; il explique le phénomène de la vision ; enfin il expose la théorie des premiers instruments d'optique : loupe, microscope, lunette de Galilée, etc.

La deuxième partie est réservée à l'Optique photographique ; elle contient les chapitres suivants :

Chapitre VII. — Actions chimiques produites par la lumière photographique.

Chapitre VIII. — Écrans colorés, préparations ortho-chromatiques.

Chapitre IX. — Production de l'image lumineuse au moyen d'une petite ouverture.

Chapitre X. — Production de l'image lumineuse au moyen d'un objectif. Lentilles épaisses et systèmes centrés quelconques.

Chapitre XI. — Aberrations présentées par les lentilles suivant l'axe principal. Leur correction.

Chapitre XII. — Aberrations présentées par les lentilles en dehors de l'axe principal. Leur correction.

Chapitre XIII. — Objectifs photographiques. Leurs constantes.

Chapitre XIV. — Description des principaux types d'objectifs photographiques.

Chapitre XV. — Organes accessoires des objectifs.

Chapitre XVI. — Essais des objectifs.

Chapitre XVII. — Choix des objectifs.

Chapitre XVIII. — Téléobjectifs.

En résumé, l'ouvrage de M. Mullin constitue un travail complet et définitif ; il demeurera l'un des plus estimés et des plus durables des livres consacrés à la Science photographique.

Un vol. broché, avec figures. . . . .   **10 francs.**

Vient de paraître :

PHYSIQUE PHOTOGRAPHIQUE

Par le Capitaine FROELICHER

Étude des phénomènes d'ordre physique qui se produisent au cours des opérations photographiques, depuis le moment où la lumière arrive sur la plaque sensible jusqu'à celui où l'épreuve positive est complètement terminée.

Un volume broché, avec gravures. . . . . . .   **3 francs.**

Deuxième partie. — Epreuves positives. — Insuccès provenant du bain d'argent sensibilisateur, du tirage, du virage, du fixage, du lavage, du satinage, de l'émaillage, du papier au charbon et des positives sur verres pour vitraux et projections. 1 vol. in-12 de 140 p.   **1 50**

Mathet (L.), chimiste. — **La Photographie durant l'Hiver.** — Effets de neige, photographie à l'intérieur, diapositives, reproductions, agrandissements, projections, travaux divers, etc., etc. 1895, 1 fort vol. de 320 p. avec nombreuses gravures et une plaque en phototypie **3 50**

Mathet (L.). — **Le Microscope et son application à la Photographie des infiniment petits.** (Traité pratique de photomicrographie). 1899, 1 vol. in-16 de 260 pages, illustré de nombreuses gravures et planches hors texte.   **4 50**

Mendel (Charles). — **Traité élémentaire de Photographie**, à l'usage des amateurs et des débutants. 5e édition revue et augmentée. 1900, 1 vol. in-16 de 120 pages, illustré de 80 gravures ....   **1 »**

La cinquième édition de cet ouvrage est en vente, et très demandée par les amateurs ; c'est dire son succès et, par conséquent, sa valeur. Cette édition est au courant des formules nouvelles. Nul traité pratique n'est plus clair et mieux ordonné : il conduit le débutant pas à pas, à travers les opérations photographiques, lui indiquant le mode d'emploi de chaque objet et de chaque produit, le moyen de réussir avec économie.

Niewenglowski (G.-H). — **Dictionnaire photographique**, donnant tous les termes employés en photographie, avec explication précise et détaillée. — Publié avec la collaboration de MM. A. Ernault, A. Reyner, H. Laedlin et A. Bigeon. 1895, 1 vol. in-12 de 230 pages, illustré de nombreuses gravures, broché. 3 fr., cartonné **3 75**

Ce dictionnaire est un véritable traité complet ayant cette supériorité de présenter les matières dans l'ordre alphabétique, ce qui permet de les trouver instantanément.

Reyner (Albert). — **Le Portrait et les Groupes en plein air.** — 1 vol. in-16 de 136 p. avec figures et planche spécimen ......   **2 »**

Ris-Paquot. — **Les Agrandissements sans Lanterne** et leur mise en couleur aux pastels tendres et durs sans savoir ni dessiner ni peindre. 1900. 1 vol. in-16 de 66 pages avec fig. et 12 pl. hors texte **1 25**

Ris-Paquot. — **Les Clichés sur zinc en demi-teintes et au trait** s'imprimant typographiquement, moyen simple et pratique pour les amateurs de les obtenir. 1901, 1 vol. in-16 de 80 pages ....   **2 »**

Ris-Paquot. — **Manuel Élémentaire de Phototypie.** 1 vol. in-8° avec 21 pl. et vignettes exécutées en phototypie ....   **10 »**

Santini (E.-N). — **Les Couleurs réelles en Photographie.** Historique et discussion des procédés actuels d'après les travaux de MM. Ch. Cros, Ducos du Hauron, Lippmann, etc. Avec figures dans le texte et un portrait avec autographe de M. Ducos du Hauron. 1898. 1 vol. in-16 de 104 pages ....   **1 »**

Cette étude est écrite d'une façon très consciencieuse et remplit parfaitement le programme contenu dans son titre. La lecture en peut être conseillée à toute personne qu'intéresse le si captivant problème des couleurs en photographie.

Santini (E.-N.). — **La Photographie à travers les Corps opaques.** Par les rayons électriques, cathodiques et de Rœntgen, avec une étude sur les images photofulgurales. 1896, 1 vol. in-16 de 100 pages, illustré de 17 gravures (4e édition) ....   **2 »**

Le légitime succès de cet ouvrage qui ne constitue pas un traité de radiographie, mais un exposé des phénomènes qui ont amené l'emploi des rayons X, l'a conduit à sa quatrième édition.

Cette nouvelle édition est d'autant plus intéressante que la théorie, dépourvue de toute démonstration scientifique aride, est à la portée de tout le monde.

Santini (E.-N.). — **La Photographie dès Effluves humains.** 1898, 1 vol. in-8° de 130 p. illustré de nombreuses reproductions ..   **3 50**

Ce livre se divise en deux parties : 1° La force psychique ; 2° Photographie des effluves humains.

Dans la première partie, qui est, à proprement parler, une étude historique et anecdotique, l'auteur passe en revue les diverses hypothèses relatives à l'existence et à la manifestation du fluide dépendant de la force psychique lequel fut appelé, selon les temps, éther, fluide astral, od, etc.

La deuxième partie vise plus particulièrement le côté expérimental de la question : photographie de l'od, des effluves digitaux, thermiques, humains.

Santini (E.-N.). — **La Photographie devant les Tribunaux.** 1901, 1 volume in-16 de 140 pages ....   **2 »**

Recueil des Jugements et Arrêts intéressant les photographes.

Sorée (Paul). — **Chlorophillo-Photographie.** — Photographie sur papier et sur verre, monochrome et en couleurs par l'emploi du suc des feuilles, fleurs et fruits. 1890, 1 brochure de 40 pages ....   **1 »**

Tissandier (M.). — **La Pratique expérimentale radiographique.** Manuel des applications générales des rayons Rœntgen. Un volume avec pl. explicatives et nombreuses fig.....   **2 »**

Tranchant (L.) — **Le Vade-mecum du Cycliste Amateur-Photographe.** 1897, 1 vol. in-18 broché de 50 pages illustré ....   **1 »**

Trutat (Eug.). — **Traité Général des Projections.** — Description des appareils. — Divers modes d'éclairage. — Confection des positifs. — Epreuves mouvementées. — La leçon à l'école, au lycée, à la Faculté. — Conférences scientifiques, géographiques, humoristiques. — Disposition de la salle, etc., etc. 1897, 1 vol. grand in-8° de 400 pages illustré de 185 gravures **7 50**